会哭的人，才会生活

【韩】李炳旭◎著
史晓雪◎译

CFP 中国电影出版社

图书在版编目（CIP）数据

会哭的人，才会生活 / （韩）李炳旭著；史晓雪译. —北京：中国电影出版社，2013.12

ISBN 978-7-106-03775-8

Ⅰ. ①会… Ⅱ. ①李… ②史… Ⅲ. ①情感—通俗读物 Ⅳ. ①B842.6-49

中国版本图书馆CIP数据核字（2013）第271836号

责任编辑：袁　江　　陈昌业

版式设计：刘　杰

特约编辑：蔡荣建　　翟秀玲

责任校对：孙　健

责任印制：庞敬峰

会哭的人，才会生活

[韩] 李炳旭　著　史晓雪　译

出版发行　中国电影出版社（北京北三环东路22号）邮编10013

电话：64296664（总编室） 64216278（发行部）

64296742（读者服务部） Email：cfpygb@126.com

经　　销　新华书店

印　　刷　廊坊市华北石油华星印务有限公司

版　　次　2014年3月第1版　2014年3月第1次印刷

规　　格　开本/880×1280毫米　1/32

印张/6.125　插页/0　字数/100千字

书　　号　ISBN 978-7-106-03775-8/B·0096

定　　价　28.00元

会哭的人，才会生活

这是发生在大儿子昌叶五岁左右时的一件事。我们一起坐在沙发上玩着石头剪子布的游戏，输的人会被打一下手掌，奇怪的是那天我一直赢，我开玩笑似的稍稍用力打了一下儿子的手掌，可能是因为有点痛，昌叶直接咧开嘴哭了起来。我马上猛地背起儿子，又让他乘飞机，又让他骑脖梗，不一会儿，儿子似乎像是没哭过一样，咯咯地笑个不停。

小孩子心地柔软温和，因此能用身体感受和理解爸爸的玩笑和游戏，小孩子的反应直接而纯粹，他们不会看眼色行事，也不会计较得失，痛就会哭，高兴就会笑，并不是只有心灵这样，皮肤上有了伤口也很快就会好，人在健康的时候心灵和肉身都很纯洁柔软，因此，就算是受了伤，只要周到地敷好药，很容易就恢复了，这一点无论是身体还是心灵都一样。

但成人却不同，如果受到某个人的伤害，那么这件事就会放入心灵深处，宁愿在心里哭泣，表面上还是装作若无其事，卑劣地等待报复的机会。无论什么事都会计算得失，这样，在成人的心中就会满是无数的伤痛，这些会慢慢地变成心灵的顽石，坚硬而干涩。

与我交流的无数癌症患者中最难以痊愈的就是这种心灵完全僵化成石的顽固的人。说他们难以痊愈，并不是说他们是末期癌症患者，只是他们的心灵和灵魂都变得十分僵硬，感情也完全干涸。为了治愈癌症，手术、化疗和药物是必不可少的，但更重要的是心灵上的治疗，将化成顽石的心灵融化，才是最先必须进行的治疗。

那么，应如何才能恢复如孩童一般纯粹的心灵呢？时光一去不回头。答案和方法对我们所有人都是公平的，其实，有一个随时随地可以使用的最容易和简单的秘诀，人们也称其为“神赐予的自然治疗剂”，这就是“眼泪”。它是上帝赐予的天然抗癌剂，抛开所有紧张、压抑、感情和体面，尽情地流泪吧，这样的眼泪会使得心灵和灵魂恢复孩童般的纯粹。

最近，到处都有一打开就流出的水流，但在这类水管普及之前，每家每户都用水泵打水喝，平时泵水会有枯竭，那么，需要水时就必须从泵口注入一瓢水来引水。注一两次水后，水就“哗哗”地流出来了，此时，我们把注入的这一瓢水称为“引水”。引水会带来更多的水，而眼泪则将完全僵硬的心软化。眼泪，正如同一瓢引水。

我这段时间遇到了许多癌症患者，无数次证明了：哭得又多又深切的患者们能够较快地恢复和治愈。虽然并用笑容疗法和眼泪疗法，但还是感觉眼泪疗法对患者们更有效。笑容和眼泪惊人地让患者提高免疫力，身体很快恢复，而且病痛也相应减少。对癌症患者也一样。更惊人的是，这些患者不仅能以全新的角度看待自己的人生，而且还非常积极地战胜病痛。

人类在被创造出来之时是健全的，然而由于过度的欲望和过分的自信，在白热化的竞争和敏感的生活中感受到了许多压力，以致心灵生病、身体变坏。如果清除这些伤痛产生的原因，那么我们就可以重新恢复健康。那么为了健康，我们应该先让自己变得僵硬的心灵变得纯粹起来。

就从一滴眼泪来开始这个旅程吧。让人能够多哭、大哭和尽情哭泣的眼泪治疗，会使已生病的心灵恢复健康。

会哭泣，才能够战胜疾病；会哭泣，才会生活。如果您现在身体正遭受病痛折磨，那么，请放声哭泣吧！在哭泣的同时，治疗就已经开始了。

目 录
Contents

第四部　应该如何哭泣

第五部　谁应该哭泣

第六部　应在什么地方哭泣

尾　声

第一部

什么是眼泪

第一章　眼泪是一件特殊的礼物

不要惧怕哭泣，因为眼泪能够冲洗心灵的伤痛。

——印第安谚语

与生俱来的礼物

所有降临在世上的人都用眼泪来宣告人生的开始。那最初的眼泪，既是呼吸，也是生命。不哭泣的孩子被护士拍打屁股后会放声大哭，这样就证明他的存在。无论是谁，对世界的第一个印象都是在用泪水分享的。从此以后，生命就诞生了。

孩子还能用哭泣向妈妈倾诉许多话——“妈妈，我饿!”“妈妈，我发热了。”“妈妈，我撒尿了，给我换尿布!”等等，孩子会通过哭泣向妈妈传递着许多必需内容和要求事项。因此，妈妈们在孩子的哭声中学习了各类经验。孩子是因为饥饿而哭，还是因为不舒服而哭？又或是想换尿布？仅仅是听孩子的哭声，妈妈们也能渐渐地明白孩子所要表达的内容了。

在哭泣之后要学习的，就是欢笑。接下来，就要学习本国的语言，通过语言来表达自身。

人类第一种语言显然是哭泣。接下来学习到的是欢笑，然后才是语言。除此之外，表达心灵和感情的方法还有很多。用眼泪、笑容、叹气、表情、手势等方法，可以很好地表露我们的心理和感情。在这些方法之中，眼泪与我们相处的时间最久，而且，它是最自然的表达方式。即眼泪能够轻易表达出我们的心灵。

眼泪是单纯而直率的。在自己没有察觉的情况下，自然地倾泻而出，没有一丝犹豫，红着脸、流下了泪。偶尔，甚至没有理由地流泪。眼泪是最坦率的自我表现，它马上就表达出畅所欲言的话。因未能及时躲避学校运动场上飞来的足球，完全被砸到时，马上就大哭了起来；因考试不合格被老师痛斥时，也会伤心地掉着眼泪；最要好的朋友转学离开的时候，就呜呜痛哭；在与短期来学校实习的老师分离时，也流下了眼泪。

我们最初学会的语言是眼泪，在之后漫长的岁月中，眼泪又成为了表达我们心灵深处感受的重要方式。然而，作为表现方式，我们却经常运用“语言”，大大减少了“眼泪”的使用。不，如果说得更准确些的话，我们开始慢慢地抑制用眼泪来表达自我的方式。不知不觉地，在他人面前流泪开始被认为是懦弱的表现，因存着害怕他人看出自己怕输给对方的心理，绝对不肯流泪。

因此，我们开始认为眼泪是“理所应当忍住的东西”。在儒教伦理面前，男人的眼泪更是必禁之物。像“男人一生只能落三次泪”此类对眼泪的误解，被当作真理一般为人们所接受。只有在出生之时、一国之君逝世和父母去世的时候，才能流泪。这种儒教思想让男人们的眼泪变得更加珍贵。

因此，在受委屈或遇到让人气闷的事情时，我们咬着嘴唇；忍到不能再忍而发火的话，就咬紧牙关。不知道从什么时候起，我们开始把“不流泪 = 忍耐”当成了一种公式。眼泪未能成为一种表达方式，反而成为了一种被掩藏和按捺的东西。而且，这种公式只有在非常罕见的情况下才不会生效。充其量不过是在最亲近的人们面前，才会呜呜大哭。就算是在看那种令人放松的电视剧的时候洒了几滴眼泪，也会不动声色地赶快擦拭干净的。流过泪的人会对自己的眼泪感到惊慌失措，觉得难为情。就这样，眼泪对成年人来说，就成为了应该忍耐的、陌生的、应感到羞愧的表达方式。

但请记住：我们的生命与眼泪是同时开始的；传递我们的感情和心灵的第一种语言，就是“哭泣”。上帝在赋予我们生命的同时，也一并将眼泪赐给我们。眼泪比笑容更早一步来到我们身边。孩子在看到妈妈的笑容的同时，学会了微笑。但谁也没有教过他们哭泣，也就是说，这是从一出生开始就融合在遗传因子中的表现方式。眼泪是真实的，它是自己的真心，又是另一个自己。因此，眼泪是宝贵、自然和特殊之物。因为它从人类出生起，就是上帝赐予人类的礼物。

眼泪之所以珍贵的理由

不知从何时，人类开始格外留意眼泪，但问题也从此产生了。人们尽可能地不流泪，竭尽全力地去忍耐，开始变得十分吝啬于使用老天赐予的、应在表达内心和流露情感时使用的这份特殊礼物了。因怕被人看成扶不起的阿斗而忍耐泪水，防备着他人；因怕被人轻视，就噙着眼泪，装出一副泰然自若的样子。

久而久之，我们的内心也开始发生变化。将可以用眼泪来说明的事小心地压在心底，时间一长，心灵也会生病，如果放任不管，身体也会随之生病。治愈这种疾病，恰恰就是必须流泪的理由，欺瞒自己的内心之时，就必须要为了治疗已开始生病的心灵和肉体而开启泪水的闸门。这就是眼泪。

在诊疗室内，我常常这样问患者："您认为自己为什么会患癌症呢?"

大部分患者会这样回答我："这个嘛……我也不知道我为什么会患癌症。"

然而，我会告诉他们：患上癌症的事实对患者本身分明就是小人之举。患者可能真的不知道究竟因自身哪些问题才患上所谓的癌症，要不就是虽然知道，却不想承认，没有坦白的勇气才说出“不知道”的话。

对于是不是患上癌症，在心中也隐藏了些自己不为所知的情愫。应倾诉出来的不满、猜忌、憎恨、嫉妒、憎恶、悲伤、肝火、愤怒、诅咒之类的感情，来不及倾吐，一般只得压抑着。

如果要排出却出不来，当然会受伤并化脓、堆积并腐烂，成为毒素的感情会慢慢地夺去身体的活力。因为这是个非常漫长和不间断的过程，所以我们并不能用肉眼察觉这些与之相似的陈年情感对身体的侵害。因此，由于这些本应该表达出来的情感不断堆积，致使身体和心灵因病变得越来越瘦瘠，甚至会在不知不觉中达到连自己的感情也要欺瞒的地步。

比起身体上的疾病更应先引起重视的，是心灵的创伤。心灵会先于身体而生病。该生气的时候不生气，该悲伤的时候不哭泣，最终心灵会因枯竭的感情而发生变化，我不必非要在此附带上复杂的医学说明，因为其中的道理很简单。我们的身体一旦承受了压力，就会分泌出荷尔蒙，它是由人类的感情所支配，而这种感情会影响到我们

第二章　向青春追问眼泪

有益的眼泪，能让心灵变得更轻松。

——犹太人谚语

在对未来感到不安或是感到疲惫时放声大哭

韩国科学技术院的学生自杀的消息、海兵队员自杀和枪械事件、88 万难就业的年轻人的高喊……看着每天充斥报纸的这些新闻报道事件，让我的心情变得十分沉重。为应享受人生黄金时代的青少年，为他们无论做任何事都热血沸腾、热情洋溢的青春而郁结并痛着。

三年前在韩国不安医学会内，我以来自首尔和六大广域市（釜山、大邱、光州、大田、仁川、蔚山）生活的一千名成年男女为研究对象，进行调查后的结果表明：被调查对象中，有25%有不安感增强的迹象，有6%因不安而在日常生活中遇到严重的障碍。他们觉得自己因不安而心神不定、变得敏感，或是事事心烦、心存无力之感，还会引起消化不良和头痛。这就是所谓的“社会不安症候群”。

那么，我们为什么会生活在不安之中呢?

最近，年轻人认为上大学就是人生的全部，所以在二十多岁之前狂热地投入学习之中。进入大学后，一边希望尽情享受大学生活，又一边矛盾地为了准备就业把大部分时间花在泡图书馆上。好不容易一只脚踏入了社会，本以为能舒服地过日子了，却又要为了在以功利为前提的职场中生存而不断地努力前行。这种生活，什么时候才能够结束呢?

无法掌握独立制定人生目标、快乐生活方法的年轻人的心灵非常脆弱，他们的青春显得十分焦躁不安。他们会很容易因非常琐碎的小事而受伤，因找不到解决的方法，看上去惶恐。

几个月前，我听闻这样一件令人十分惋惜的事情——升学到让所有人都羡慕不已的一流大学韩国科学技术院并努力备战人生的学生们，最终却以自杀的方式结束了自己的生命。究竟郁结了多少遗憾才会走到自杀这一步呢？如果在疲惫的时候就告诉自己，望着天空再次鼓起勇气，用眼泪和哭泣慰藉心结。那么，他们也不会走到自己生命的尽头。

不久前，新闻中播报了关于“抓鬼”的海兵队员自杀和枪击的事件。比任何人都应坚强的海兵队，在遭受极度压力下，队员们选择了极端手段。

假如曾有人对这些年轻人真心说出“让我们尽情哭泣吧”的话，那么他们还会做那样的选择吗？作为男人不能哭泣，作为海兵队员更不能害怕鬼神，在军队中不允许有这种懦弱的表现，因此伤痛更加溃烂。虽然从外表上看很健康，但这些年轻人的内心却十分懦弱，忍受着痛苦的折磨。

想要让内心强大起来，就必须很好地表达情感，其中，最重要的就是用眼泪来表达。近来，年轻人不懂得如何哭泣，男生们信奉“一生只能哭三次”的儒教传统理念，无论再怎么生气、悲伤都忍住不流泪。为什么要这样做啊?!

我们应该彻底转变对哭泣的看法，要摆脱“哭泣就是悲凄无能的”认知。要明白，流泪是自然感情的表露，哭出来才能使内心变得更强大。

“会哭的人，才会生活!”

不安、迷惘之时不要强迫自己忍耐，试着去放声痛哭吧，至少也应该对自己无所隐藏，用泪水来抚慰心结里的伤痛，眼泪是清洁心灵中的悲伤和郁闷的天然治疗剂。放声大哭之后心中也会变得痛快许多，然后怀着无限希望、抱着轻松的心情再一次出发。

眼泪是人生的转折点

十几年前，英国戴安娜王妃不幸因交通事故香消玉殒。当时，英国全国陷入了巨大的悲伤之中，听闻过戴安娜坎坷一生的全世界人民为她的灵魂哀悼，许多人一边看着电视，一边流泪。在她的葬礼之日，英国全国人民都在哭泣。

可是，在此之后，却发生了奇怪的事情：去找英国的心理咨询员看病的人似乎一下子绝迹了。因为这是一件对心理有巨大冲击的大事件，本应该有着更严重抑郁症、失落感和内疚感，却为什么会出现正好相反的情况呢？因戴安娜的逝去而流下的泪水，就是问题的答案。心理学家们称这种现象为“戴安娜效应”。

笑容和哭泣能够增加免疫细胞，已是众所周知的事情。如果说通过笑容能够获得生机和力量，那么通过哭泣就可以宣泄；如果说笑容是波浪，那么哭泣可以说就是海啸。哭泣会让内心深处的所有更为深刻的感情一下子涌出来，显而易见，在效果上哭泣的威力更大。我认为，有自信的眼泪治疗效果更明显。

事实上，起初要痛哭出来是有些难的，但哭过一次之后就会变得容易起来。许多癌症患者在我面前痛哭过，因为我会像镊子一样将他们的痛苦一点点揪出来。想让不哭的人哭泣时，开始时必须刺激他的痛处，就如同针术了得的中医在治疗积食时要先放一滴血才能化解一样，要让看不见的泪水回到自己应有的位置。

哭泣也要哭之有道，应该考虑到对对方的愤怒、自己的怜悯和自身所经历的伤痛。而且，应该投入地去哭，在哭泣的过程中，能引出泪水的正是那种想法。

看搞笑电视节目时笑着流出的眼泪和切洋葱时流下的泪水却没有任何作用，因为这样的眼泪没有渗入心扉。只有流过真正的泪才会找回内心的平和。

即使只为了在人情越来越淡薄的世界中保持一颗健康的心灵，也应该用尽全力痛快地哭一场，一直哭到心情畅快为止。真正的眼泪会抚慰有着伤痛青春的心灵，还会成为人生的转折点。

第三章　感情和心灵的治疗剂

放任那些奔流不停的泪水吧！

它会安抚你的灵魂。

——［古罗马］塞内卡

洗尽愤怒毒素的感情治疗剂

到诊疗室来的L女士的脸上，明显带着不安和恐惧。虽然在收到癌症确诊的患者脸上不可能看到舒展的表情，但在L女士阴沉的脸色后分明隐藏着什么。这并不是因为起初太紧张才这样，就算回答很简洁，也能明显地看出来。我觉得总有什么在让她的心灵害怕，因此很心焦，因为只有解开她的心结才能开始真正的治疗。我决定要试着将癌症患者深藏的痛苦揭示出来。

“通过这段时间的强忍，是否发生过曾让您生气的事?”

L 女士的眼眸中突然多了些惊慌，接着，她的眼中马上噙着无法隐藏的泪水，低着头，她流出的泪水将手绢全都润湿了。终于，她开始哭出声来。

我什么话也没有说，而她的泪水也没有停。她就这样哭了好一阵子。

“事到如今，全都是丈夫的错。”

哭了一会儿后，她第一次主动开口说话。这两句话真的说出了很多含义。接下来，她开始向我倾诉这些年来她不断隐忍成心结的过程。结婚 26 年了，他们的生活一点儿都不顺利，老公习惯于风花雪月之中，甚至在她怀孕时也专做坏事。最近，连勉强维持的企业也面临着倒闭的危机，不得已从她的娘家借了钱。

癌并不只是单纯的肿瘤块，L 女士指出的原因（丈夫）也许是对的。极度的压力致使免疫力急剧下降，在这种情况下，平时不会形成疾病的事情也可能发展成致命的疾病，她的心中充满了对丈夫的愤怒，而她在愤怒之下生活了26年。这份愤怒最终让她的身体患上了癌症。

北加利福尼亚州大学的达尔斯特罗姆教授以医科大学生为研究对象，研究了愤怒与死亡的关系。他把学生分为敌对感强与弱的两组，并对25年后，年为50岁的他们的死亡率进行了调查。研究结果表明：愤怒和死亡相关极为密切。敌对感较强的一组比较弱一组的死亡率高出七倍左右，心脏病患者也多出五倍左右。以法律系学生为研究对象的调查中也出现了类似结果，成为调查对象的法律系学生在25年后成为了律师。在还是学生时代的敌对感较强的一组中，已经有20%的人死亡。而敌对感较弱的这组中仅有不到4%的人死亡。

敌对感、愤怒或憎恨这类感情，如果因排解得不好而留在了心中，它们就会成为加快死亡的催化剂。达尔斯特罗姆教授的研究结果为大家展现了这个道理。从一辈子带着对丈夫的愤怒的L女士的事例，也证明了这点。敌对感、愤怒、敌意、生气、不宽容的心、愤慨、憎恨等感情，在生活中毁坏了这个人的人格，且荒废了这个人的灵魂，最终成为致命的毒素。而能洗净心灵毒素的，正是眼泪这个包治百病的名药。

对L女士的治疗，我采用了以夫妇一起参与的家庭治疗法。起初，是L女士流泪，后来丈夫也跟着一起哭起来，两个人常常一起哭泣。丈夫最终求得了L女士的谅解，对自己过去的所作所为幡然悔悟。在两个人的宽容与和解之间掺杂着泪水，开启治疗的钥匙正是爱的泪水！

彻底放松心情，流出泪水

"想哭，真的没有眼泪。"我总是能遇见这样说的朋友。

在我们人体的水源地中蕴含泪水的量，人人不同，因为生活环境和激素的变化水平不同。另外，还可以根据每个人的心理承受能力的不同而不同。面临危机、失去生活方向、受到极度冲击的时候，感情会急剧上升，流泪的情况也会变得多起来。然而，成熟的人强忍泪水并不那么容易哭出来，也可能会忘掉哭泣行为本身，像不能流泪一样，心灵也会变得顽劣起来。因为充满了憎恶和愤怒，还能导致流不出眼泪的情况，那么就是硬生生地抛却了心灵和感情。怀有这种心思的人，其实并不知道自己有多么狠毒，强硬得不给自己一点情感的软化和慰藉。

然而，对自己为什么患上难缠的疾病，却是最最清楚的，他们只是因为没有勇气，不承认罢了，因为害怕正视自己而让自己的内心受伤。但眼泪治疗要从放下伤痛的心灵开始，请不要忽视自己内心的伤痛，人无完人，应该把心灵的伤痛当成顺其自然的事。心里受伤、痛苦也是必经的过程，从正面认识和肯定自己的伤痛，正是眼泪治疗的开端。

所有有着伤痛的人都需要一个完全认可痛苦的过程，这并不是件容易的事。如果一直认为自己并没有任何做错的事，那么揭示伤痛的过程就会变得更困难，然而，即使是辛苦也是必经的过程。就算是向着对方发怒地流着泪水也好，或是因陷入自怨自艾中而哭泣也好，请首先直接敞开心扉吧。一边晃动，一边将自己灵魂最底处荒废的情感都爆发出来，真正地流泪才是最最重要的。将所有的一切倾诉出来吧，就算只是抱怨也好，将伤痛当成爆发的毒气，从体内排放出去吧。

杨腓力[①]说："与心痛地感受软弱并自暴自弃最相近的心理，简直就是在向往着上帝的恩惠和痊愈之时最适合在回忆中做的事。"请放下生病的心灵和肉身，从最低处做起，一边流着泪，一边承认我们的软弱。这才是开始治疗和接受恩惠的位置。

如同孩子一般哭泣时拥有的治疗心态

孩子们总是按直觉去做、去表现。痛就会哭，高兴就会笑；心里没有忍耐的概念；不知道什么叫做"面子"，也不用看别人眼色。因此，不会堆积感情的心结。但是长大成人后，却在感情的外面罩上厚厚的铠甲。成年人在流泪之前，会在最短时间内衡量自己的社会地位、周围气氛、自己所处的位置和境地、人们的反应、哭过后应说的话等因素。总是这么算计，到了真应该哭的时候，就多少都会自然而然地无法充分哭泣了，等到适应了这种生活方式后，就会渐渐害怕哭泣了。没有泪水、隐藏自己的内

① 杨腓力（Philip Yancey），美国当代著名基督教作家，《今日基督教》主编。

心，会让人错以为自己是个成熟稳重的人。

过多地刻意隐藏感情，会使哭泣变得更困难，放任感情反而会更不舒服。但为了战胜病魔就必须解除感情的武装，因为只有流泪才能生存。为了从牢固的感情监狱中逃出，请抱有如同孩子一般纯洁的心灵吧！不要计较境况或环境如何，如果想法变得复杂，被降服的感情马上就会找到躲藏的地点。充实情感，不要计较，尽情哭泣吧。

“上帝啊，我真的很辛苦。除了您，还有谁能理解我呢？请救救我吧！”

感到疲惫时，就变成孩子吧。像个孩子一样一边撒娇、一边哭泣吧！只有这样才能健康地活下去。像个孩子一样忠于自己的感情吧！只有怀着孩童般的心灵，才能开始进行治疗。

《单纯的快乐》的作者皮埃尔神父，用“受过伤的雄鹰之心”来形容人类的心灵。他指出：“影与光相互交错，能够同时做到英雄主义和极度胆怯的行为的，是人类的心灵；渴望广阔的地域却又不断遇到各类障碍、大多情况下在内心冲击着障碍的，正是人类的心灵。”我们真的很容易变得软弱，进而心碎，没有必要隐藏和否认这点。真的不要花时间和精力去伪装真心，做这种没有用的事，会萌生心病的。

请在日常生活中表现得不要太强势，就自然地表现出受伤的心吧。像个孩子一样哭泣，我们流泪之时，心灵得以愈合。接受感情的激励，这样病才能好起来。

第四章　眼泪的种类与纯度

虽然装作毫不在意，事实上我们却已经受伤。

我们不仅创造并认清了这点，还倾注了许多感情在其中。

因此，我们更容易受伤。

——［美］堂·米格尔·路易兹

从生理学的角度看待眼泪

在医学上，眼泪被称为泪液，眼泪是眼球表面及结膜囊内分泌的无色、透明液体，泪腺中分泌的液体有98.5%都是水分，其余部分由盐、钾、白蛋白和球蛋白等蛋白质构成。眼泪之所以有些咸的理由是因为眼泪中的钠成分，据说，高兴或悲伤时流出的泪水咸的程度几乎相同，但愤怒的眼泪却更为咸涩，因为愤怒时自主神经的交感神经较为兴奋，促进钠分泌较多。而且，因掺杂了含量很微少的乳铁蛋白或溶菌酶之类的成分，眼泪还具有抗菌作用。总之，眼泪几乎是由与生理盐水一样的成分所构成，含有微量的免疫成分和蛋白质成分。

长期对感情性眼泪进行化学方面研究的美国生化学者彼尔·弗雷，用生物学基准将眼泪分为三种形态：持续性眼泪、刺激性眼泪和感情性眼泪。他认为，所有的泪水看起来似乎是一样的，实际上因流泪的起因和方式的不同，构成成分也会不同，产生泪水的脑分工也各不相同。因此，泪水的作用也各不相同。

“持续性眼泪”并不是简单的流泪，而是类似于湿润眼眸表面的润滑油，这种眼泪可以让眼睛保持湿润、洁净和柔软，简直可以称得上是自动清洗装置。每一次眨眼，都有少量的液体在眼眸表面均匀地散开，这类眼泪甚至带有能抵抗细菌和病毒的抗生物质。

“刺激性眼泪”仅在因外部产生的刺激而可能使眼泪受伤时才发挥作用。洋葱就是一个很好的例子，洋葱散发的酸性气体等物质使得睫毛和眼眸变得湿润，促使眼泪流出来稀释这种刺激性物质。

“感情性眼泪”正是我们在本书中主要提及的泪水。它是因强烈的感情而产生的眼泪，是仅有人类才能做得到的。以弗雷为首的许多学者都认为，感情性眼泪含有高蛋白物质。因此，眼泪通过泪腺起到了将因压力产生的化学物质排送到体外的作用。即，当身体感受到压力时所产生的不良化学物质会因感情的泪水而消失。这就正是本书中所指的眼泪治疗的效果。

与前面所提到的两种泪水（持续性眼泪和刺激性眼泪）所不同，感情性眼泪由大脑的不同部位控制，因此，由于脑神经或眼的麻木，或许会导致无法再流持续性眼泪和刺激性眼泪，但却完全不影响感情性眼泪的产生。

这样从学者的角度来看待眼泪，有益于更深入地理解它，然而，弗雷所说的“感情性眼泪”分明超出了化学分析的范畴，似乎冥冥中隐含着某种神秘的力量，因此，我认为眼泪的力量和蕴含的能力是上帝所赐予的。

让人类感动的液体有三种，汗液、泪液和血液，这三种液体的共同点是什么呢？那就是它们都带有人类温暖的体温。它们都能反映出人类的体温，这并不是说它们能移动温度，而是说它们蕴含了人类的人格、感情和心灵。汗水代表了劳动人民，眼泪代表了感情，而血液代表了生命。

眼泪因感情的波动而流淌，这就是眼泪的秘密，因此，人工眼泪和人为装出的眼泪对治疗完全没有帮助。人工眼泪虽然可以让眼泪不干涩，却不是真正的眼泪。

眼泪治疗要以真实性为基础，只有这样，蕴含着真心的眼泪才能够对人格、感情和心灵进行治疗。眼泪治疗不需要假借医生之手，在生活中无论谁都可以容易地十分稳妥地掌握治疗的方法。那么，如何对已麻木、糟糕的人格、感情和心灵进行治疗呢？这大概是留给各位的人生课题吧。通过本书，我会一边摸索着最佳方案，一边与各位一起分享眼泪治疗的效果和秘密。

以感性思维的角度看待眼泪

神经学者安东尼奥·达马吉欧（Antonio R. Damasio）曾说过，“肉体就是为感情活动而设的剧场”，这句话真的太正确了。我们的丰富的感情正是以肉体为舞台，不断地舞蹈、歌唱、哭泣、欢笑。根据感情活动的不同，身体舞台的状态也会不同，如果身体内久积着嚣张的敌对感和愤怒的话，身体自然就会生病，如果总是一直拥有笑容和快乐的话，又会持续保持健康的状态。因此，身体也如同盛载着感情的容器一样，无论装有什么都会自然地表现出来。

从表面上看起来，眼泪会因其中蕴含的感情不同而完全不同。在发生意外事件或是有亲人去世时，流出悲伤和嗟叹的泪水；因通过了长期准备的很困难的考试，喜极而泣；在山上遇难好不容易获得援助时，情绪放松而大哭；可能会在获知自己一直完全信任的丈夫有外遇，因爆发的愤怒而泪流不止；或是还有为了申诉和说服他人而流出的泪水、饱含谢意和感动不知不觉间流下的泪水等。这所有的眼泪都蕴含着用语言无法表达的意义。

我们在眼泪治疗中所关注的眼泪，是从伤痛之中流出的眼泪，是为了开解敌对感和愤怒、无法宽慰的心灵、傲慢之心、私心、封闭的心灵等而流出的泪水，是鸣谢和感激、快乐和开心、作为上帝之爱的眼泪。作为上帝为治疗人类人格、感情和心灵而赐予的礼物的眼泪，是自然而纯洁的。

眼泪是幸福的，如同因体内未曾被爱泽被的细胞和伤痛而生病一样，似乎未得到爱的灵魂也会生病。受了伤的两个灵魂一起哭泣的话，就意味着放下了针锋相对的敌对感、解除了感情的武装，彼此的泪水会让爱重新萌生，在这份平和的气氛下掀开恩赐和治愈的新一页。

然而，只是一味地哭泣就能轻易解决一切问题吗？就算最初是因刺骨的痛而开始流泪，那又会持续多久？如何解决呢？人无完人，原本就软弱、易受伤的我们，又会很容易失望或遇到挫折，无论如何，总是能重新回到灰暗的过去，再次变得孤独、愤怒、不可谅解。但是总不能一天24小时都流泪吧，治疗期3个月内，不能只用眼泪治疗法。如果说为了开启生病后麻木的心灵必须要有一掬眼泪的话，接下来就必须要持有能够流泪的纯洁心灵和与眼泪一样有效的同样物质。

仅用眼泪也不能尽善尽美，为了能够持续流泪，就必须得抓住重点，必须有潸然泪下所需的祈祷和关爱。并不是流一次泪就停止，为了洗净我们心中的毒素而需要持续的祈祷和关爱，如果没有这些，现实就会陷入反复的悲伤、烦恼、忧愁和挫折之中。如果以祈祷和关爱为中心去做，眼泪和爱的祈祷就可能成为治愈疾病真正的治疗医生和特效药。治愈的眼泪马上会变成快乐和感激的泪水。

我经常在治疗室内与患者一起哭泣。起初，患者还是流着痛苦和悔恨的泪，但不久后，我总是能欣喜地看到他们感激和快乐的泪水。这并不是说要以泪治泪，正是有了带有感激和关爱的泪才有正面积极治疗的可能性，无爱的泪并无任何意义。

第五章　清泪与咸涩的泪

哭泣是件有益的事。

眼泪对心灵来说是流淌的溪水，

它洁净我们的心灵，抚平我们的愤怒。

——［古罗马］奥维德

含有大量儿茶酚胺物质的泪水

您知道《圣经》中最短的一节吗？《圣经》共由31047节构成，其中最短的一节为《约翰福音》第11章35节，以“耶稣哭了”4个字组成，英语就更短了，仅有两个单词“Jesus wept”，真的是非常短的章节。我不是研究《圣经》的学者，所以在此不必再纠结“《圣经》中最长的章节是什么”的问题，只是，在《圣经》中最短的章节里，却出现了眼泪。那么，对执着于眼泪治疗的我来说，印象十分深刻，而且还有一个很有趣的现象，事实上在《圣经》中没有提到过耶稣的笑，反而几次提及了他的眼泪。

与“哭泣”同义的英语单词一般来说写成“weep”或“cry”，两者之间有着微妙的差异，weep主要强调了流泪的动作，cry是强调放声大哭的行为或是强忍着不出声哭泣时使用。这样一边想着这些单词的意义，一边读着最短的章节，不由得在脑海中浮现出了耶稣如何流泪的样子。由章节译文“耶稣哭了”中，也正明确地言及了“泪水”。

耶稣也会哭泣，“扑扑”地流着泪水哭泣。当名为拉撒路的至亲好友去逝的时候，他去参加葬礼悲伤地痛哭，拉撒路的妹妹玛丽亚哀号着埋怨耶稣：“若是您在这里，哥哥就不会死去。”当时，耶稣因自己是上帝的儿子并未慌张，并以威严的形象面对，稍后，虽然知道拉撒路会死而复活，也并未自大地保证他一定会复活。耶稣在看到玛丽亚和在场的人们哭泣的样子时，也流下了泪水。他并没有忍着眼泪，也没有想要隐藏，只是任由泪水奔流，用泪水去排解失去朋友的悲痛之心。

这样完全从内心深处哭出来的、饱含着深情的泪水是咸涩的眼泪。并不是因为是大丈夫所流的眼泪而浓，而是因为这是蕴含了纯洁心灵的眼泪，相反，如同之前提到的一样，因刺激而流出的泪水是淡泊无味的清泪，成分与生理盐水相似。

然而，在像耶稣流出的那类藏有感情的泪水中含有大量被称为儿茶酚胺的压力激素，儿茶酚胺是在人体受到压力时，产生的大量激素。如果这种激素持续反复地分泌，那么就会引发慢性胃炎或胃溃疡等消化系统疾病，而且，血液中的胆固醇值升高还会导致冠状动脉变窄，成为诱发心肌梗死或动脉硬化的原因。不能让因压力而产生的儿茶酚胺之类的激素在体内形成堆积，而将这种激素排出体外的媒介就是眼泪，眼泪可称得上是守护我们身体的防御机制了。

清泪

融入情感的咸涩泪水对我们的身体更有益，这是因为其中含有应排出体外的如儿茶酚胺之类的激素。这样的泪水之中，可能带有受伤的心，也可能包含着对他人的敌意或恨意等感情，眼泪会将这所有一切感情的沉渣排出体外。

与之相反，清泪不会带有任何感情。切洋葱或吃辣的食物时流出的刺激性眼泪，由于对压力毫无反应，因此则较为清淡，这类眼泪中，没有儿茶酚胺等激素。清泪和咸涩的泪水的成分完全不同。

也有些患者因为久耐成习惯，很难流出咸涩的泪水。但眼泪是从我们一出生就会使用的感情表达方式，就算是因错误的教育和认识而强迫自己不流泪，我们的身体其实还是记得这种表达方式的。起初可能会很别扭，经常练习、试着去流清泪的话，一定会有益处的，一旦开启了凝结清泪的心门，今后感情的泉水喷涌而出时就会有浓郁的眼泪流出。

在我的患者之中，有一位名为 K 先生的区政府公务员，一生为人憨直诚实，不知道是不是因为一直是一位非常有责任心的公务员，当进行眼泪治疗时，他感到非常不便，本身就无法接受哭泣这件事。当时他明显是在忍耐的样子，只不过是在一边眨眼一边紧闭着嘴而已，要流出咸涩的眼泪至少也要融入感情才能畅快，而他却似乎打定主意一般连一滴清泪都没有，真是让人又惋惜又尴尬。

随着时间的推移，他强调似乎渐渐感受并深深体会到了内心的感情，而且，不知从何时起，K 先生陷入了关于自己的、真实的故事之中，放下了家门的荣耀，向我倾诉了家中发生的一些纠纷，他因此十分愤怒，也受了很严重的心灵创伤，一向有责任感并诚实做人的他，对于卷入财产纷争感到可耻。直到那时我才在他的眼中看到了眼泪，而且，他立刻就开始了哭泣。

他的眼泪十分短暂，大颗大颗地掉下来，由清泪开始的眼泪变得咸涩起来，原本是一丝不苟、规规矩矩的人，很快就学会了宽容和关爱。祈祷的时候，他又再度流下了泪水，因投入了感情，由清泪开始渐渐变成了咸涩的泪。

正如前面所说，英国戴安娜王妃因交通事故失去了生命，人们将感情投入此次事件之中，比平时哭得更多，自然就排解了压力。当时人们因长期流出悲伤的泪水，情绪上得到了极大的安慰，连心理咨询师都无人问津了。

就算是与自己不相关的事，为他人而流泪也是一件对自己有益的事。一起哭泣的瞬间，感情得到了交流，因某个人而转移并延伸了自己的感情，虽然是从清泪开始，却在之后变成了饱含深情的咸涩泪水。如果一起哭泣的话，自己也会跟着健康起来，因此，《圣经》中让人们一起欢笑、一起哭泣。

为自己而哭也好，为他人而泣也好，所有的眼泪都应融入感情。要想让眼泪产生治疗效果，就必须得投入感情，如果想刺激忍耐成性的我们的眼泪之泉，刚开始就要通过流清泪去练习，而一边看着自己流出的泪水，一边慢慢地解开心中凝聚的郁闷，最终会流下大滴咸涩的眼泪。人类很容易忽视从出生开始就得到的礼物——眼泪——的力量，真的是一件让人非常震惊的事。

第二部
为什么应该哭泣

第六章　提高免疫力

深深的悲痛像慢慢汹涌的波涛澎湃而来，

若是加以阻拦，则会淹没整个大堤。

——［英］莎士比亚

无法哭泣的人们

去年夏天SBS电视台的“SBS特别专辑”《神赐的妙药——眼泪》篇为观众展现了通过哭泣是如何缓解身心所有紧张情绪的。它以让人有视觉冲击的画面开篇，将二三十岁左右的年轻男女聚集在宽广的大厅里，各自跳着舞，身体从轻柔的摆动到激烈的舞动，所有人都恣意地跳了好一会儿，接下来，突然让所有的运作都停止，人们之间充满着严肃的气氛。之后，哭泣的声音此起彼伏，不是抽泣，而是一边摇动身体一边哭喊着，以这种激烈的方式哭泣，如同各自舞蹈一般，每个人各自反复地放声哭，就这样，哭到疲惫的他们在事后聚在一起发表感言时都说："真爽快啊！"他们将自己身体内部沉积的感情残片，通过哭泣释放出来。

瑜伽锻炼项目之一即是哭泣。不仅在韩国，在美国、欧洲等地，该项目也十分受欢迎。众所周知，在1970年约翰·列侬曾在原始疗法（Primal Therapy）中心接受了眼泪治疗。美国西雅图一位心理医生举办的哭泣聚会中，出席的人群大多是从事专业性较强的职业的人们，他们在日常生活中忍受着极度压力的折磨。这个聚会的最终目标是：为了让他们放声大哭而先让他们开始大声笑，因为笑比哭更容易。他们为了哭泣而先笑，捂着肚子先笑个不停，在不知不觉间掉落下了点滴眼泪，之后，马上陷入极度的哭泣之中，仿佛世上只剩下他们自己一般，放声大哭。活动的最后，以两人为一组相互给予温暖的拥抱。尽情大哭后参与者的感言令人难忘："仿佛在洗衣机内转了几个圈的感觉，感觉像是思维被清洗过一般。"

为什么要让人们这么辛苦地哭泣呢？难道不参加这种特殊的活动就不能哭吗？难道只有接受心理治疗师的帮助才能最终哭出来吗？

人们从很久以前就失去了自然哭泣的能力，因为就算遇到悲伤、揪心的事该哭泣时也不哭，在心中忍耐并尽量不表现出来。就这样活下去，到了真正应该哭泣的时候，就更无法哭出来了，因此，不得不为了哭泣而参加这种特殊聚会或活动，在那里听他人指挥去做，流下艰辛的泪水。眼泪也可以说是我们本身的一部分或是一种本能。

对压力较为敏感的身体

我们的身体对外部刺激的反应十分敏锐，一遇到无法克服的情况、每次做吃力的事时，毫无疑问地都会感受到压力，精神和肉体上都会感到吃力，压力的冲击会被我们的身体全数吸收，因此，压力越大交感神经就越占优势。身心都处于紧张的状态下的话，构成占血液大多数的白血球的颗粒球就会增多，活性氧含量也会增加，可使得淋巴细胞相应减少，甚至破坏组织细胞，最终，引起上皮细胞再生亢进。如果这种情况持续超出一定水平的话，就会形成癌细胞，癌遗传因子一般是因上皮再生而产生的增生因子，上皮再生如果亢进的话，接下来就会遏止免疫系统，而免疫系统无法正常发挥作用的话，人体就会很容易生病。

所谓“过犹不及”，也可以与压力关联起来。适当的压力对我们来说是健康的活力和休憩，这种适当的紧张也可以成为促进生活的动力，只要压力和休息如果能达到一种绝妙的配合的话，保持紧张也可以让生活变得十分有效率。但问题是，如果感受到了“自己无法克服的”压力的话，这种压力就会在身体中留下后遗症，当身体累积了自己无法承担的压力时，我们的身体就会启动排解这种压力的系统，其中之一，便是眼泪。

眼泪由水、钠、溶菌酶、球蛋白、压力激素、锰等许多元素和抗体构成，虽然看似一样，但根据是否是刺激性眼泪或是感情性眼泪的不同，排泄的方式也不同。如同切洋葱时流出的眼泪一般，因刺激而流出的眼泪，并不按脑器官发出的指令而行动，但因某种感情而流下的泪水则较为复杂，从大脑的额叶的脑器官内发出指令后，再从收到指令的脑器官中流出泪水。

那么，再来看一下在前文中对比过的眼泪成分的不同吧。当无法忍受愤怒时、当不能抑制住悲伤时、当心灵只剩下无限伤痛时……压力激素的数值就会极速上升，随着感情的不同，流出眼泪的儿茶酚胺这类压力激素就会包含得越多。我们的身体因压力产生的儿茶酚胺只能通过眼泪排出，此时，如果不流泪的话，压力激素就会累积在体内，如果压力激素在体内累积的话，会怎样呢？会使得心脏受到压迫、引起高血压。在看电视剧的时候，常会看到这样的场面：瞬间受到强刺激的人们会揪着胸口晕倒，或是握住后脖梗而失神，这并不只是表演，事实上，如果受到极其强大的压力时，心脏病和高血压就会恶化，话虽如此，只要我们在感受到压力的同时能够倾情一哭，患这类疾病的几率就会大大下降。据研究结果表明，感情高涨、眼泪奔流的一瞬间，脑电波便会上下起伏、心脏脉搏就会加速，身体状态就会处于高涨的兴奋中。

在人类所持有的感情之海中，笑容若是比作波涛，那么泪水就是海啸，通过眼泪，我们体验到了戏剧般的净化过程，没有任何事物能取代眼泪的作用与功能。

没有人能一次性持续笑30分钟，但一次能哭30分钟以上的人却比比皆是。哭泣是让所有人都能最舒展地完全表露自己的、最优秀的自我表现的方式，是抚慰心灵深处或完全摆脱隐藏的伤痛的妙物，仅流一次眼泪就能净化和纯洁我们的灵魂。因此，眼泪是上帝特别赐予人类的恩惠，是使人力所不能及的、让治疗成真的神的祝福！

第七章　泪流得越多，身体恢复得越快

眼泪纯净内心，让我明白生活的奥秘。

——［黎巴嫩］卡里·纪伯伦

让全身舒展

流泪的瞬间，人们一般都会有什么反应呢？有的人会在刹那间对流泪的事实感到惊慌，而有的人却叛逆一般先瞪视着周围的人们，还有的人会努力地忍着眼泪或是一味地想止住眼泪。若是自己一个人的话会更好些，更容易毫无顾忌地流着眼泪，若是旁边有人一起哭泣的话，可能会哭得更舒展一些。

流泪的时候，我们的身体中会产生哪些反应呢？首先，在心血相关的循环系统方面，心脏脉搏有力地增速，身体会变得健康起来，因此，血液循环变得更顺畅了，自然血液中的氧气和营养成分的循环速度也加快了，血液和心脏的节奏起伏有致，比平时更加活跃，这样，细密地分布在我们的身体每个角落的毛细血管会变得十分舒展。起初细小的毛细血管一边扩张，血压一边升高，但如果流泪的话，最终心情会冷静下来，当然血压也会降下来。

在心脏和血液循环这样畅快运行的同时，呼吸器官也发生了变化，胸膈发生变化的同时，增加了肺活量，吸收了更多氧气，也加大了呼吸量，与免疫相关的淋巴结方面，还促进了淋巴细胞循环，虽然在前面也曾叙述过，流泪可以改善免疫系统、增强免疫力同样依靠这样的系统。

免疫力增强后，开始分泌内啡肽（endorphin，又译为安多芬或脑内腓）、脑啡肽（enkephalin）和血清素（serotonin），这三类激素对我们的身体都十分有益。内啡肽是在笑或心情好时才会产生的激素，是可以调动人体的所有细胞的良性激素。脑啡肽是在欢笑时，和内啡肽一起产生的神经肽激素，是比吗啡效力强300倍的物质，夸张一点的话，甚至可以说是以鸦片和类似体内物质为名的内源性阿片的别称。血清素是被称作5－羟色胺的一种吲哚衍生物，分布在脑部和身体的各个部位，是与调整情绪或感情性行为、睡眠、记忆、食欲相关的激素。总之，这些激素是我们身体恢复健康必要的物质，它们让我们的身体充满活力。

上述三种激素都起到了刺激NK细胞（natural killer cell，自然杀伤细胞）的作用，它们激励着NK细胞能够保持兴奋活跃，NK细胞作为一种大淋巴球受干扰素支配，可以杀死病毒和癌细胞，启动与此类似系统，可以强化免疫力。提出眼泪能治疗癌症，也正是源于此处，因眼泪而让身体每个角落变得健康。

为了与渗透身体的细菌战斗，我们的身体会产生被称为免疫球蛋白（immuno－globulin）的免疫物质。免疫球蛋白有A、D、E、G、M五种形态，A类主要产生和作用在汗、唾液、眼泪中，而其余四种形态主要作用在血液之中，它们是战胜我们身体内病菌的最佳知己。

1998年哈佛大学大卫·麦克莱恩教授为了研究免疫球蛋白的数值变化做了一项实验，采取了进行过志愿社团活动和完全未参加过志愿活动的各十五名学生的唾液后，又让他们看了一生无私奉献的特蕾莎修女的录像，再对他们的唾液进行取材，最终，对看录像前后唾液成分是否发生变化进行了对比、分析，结果表明：有志愿活动的学生免疫球蛋白 A 的数值比无经历者要高出二倍以上。仅考虑是否参加过志愿活动，就可以让健康守护者免疫球蛋白快速增加，实验小组将这类现象命名为“特蕾莎效应”。如上所述，我们平时并不认为很了不得的汗液、唾液和眼泪等物，却随着心理状态的不同对我们的身体产生多种影响。

眼泪会促进抗体的生成。免疫球蛋白 G 类的抗体增长二倍以上就可以抑制或减少癌细胞。那么抗体如何才能提高免疫效果呢？中和毒素，预先中止病菌接触人体细胞，有助于吞噬细胞的灭菌作用，不仅如此，哭泣还可以使消化系统更顺畅地蠕动，使消化能力大大提高。放声痛哭会使得腹肌开始运动，肠胃也会随之蠕动，那么，自然，肠免疫力和肠功能就会提高。

我们现在明白：一滴眼泪真的可以瞬间开启全身系统。就算是一开始不是因感情的波动而真心哭泣，身体情况也会慢慢好转并健康起来。

眼泪的效用不仅局限于心血管系统、消化系统和免疫系统上，还在骨骼、筋肉、关节及与笑相关的运动上颇有效果。根据实验结果的不同，大笑一会儿与跳五分钟有氧舞蹈或尽情地玩上三分钟，具有同等效果。

笑容疗法的治疗师们认为，一次畅快的大笑可以使全身 **639** 块肌肉中的 **231** 块都跟着运动和消耗能量，在哭泣时也会产生与之相同的肌肉运动，面部肌肉、甚至其他平时不使用的肌肉都会跟着运动，

还对看似与哭泣完全无关的皮肤也非常有益。因为汗和泪一起流出来，引起了我们体内的另一种循环，皮肤也很喜欢流泪。我们已通过多种渠道明白：女性朋友们一旦产生压力，皮肤就会变得松弛，弹力下降。而流泪后，压力得到缓释，皮肤当然会变好啦！通过哭泣，不仅能让皮肤血液循环，还有益于泌尿生殖器官。一滴泪就能左右我们整个身体。

当身体承受大量压力，持续分泌儿茶酚胺时，我们通过眼泪就能够将其排出体外，压力激素儿茶酚胺减少时，我们也会减少不安，恢复心平气和，并减轻痛苦。

这所有一切都是从一滴眼泪中开始的，虽然肉眼无法察觉，眼泪的威力已融入我们身体巨大的循环链之中。我

们的身体喜欢、期待并随时欢迎眼泪的到来，因为身体会因眼泪而变得更加健康。

长时间地大哭

“天下莫柔弱于水，而攻坚强者莫之能胜。以其无以易之。弱之胜强，柔之胜刚。”这句话虽然是老子看着跌宕起伏的大海说出的话，但这里如果把“水”换成“泪水”也未尝不可。“天下莫柔弱于泪水，而攻心者莫之能胜。以其无以易之。弱之胜强，柔之胜刚。”世上没有傲慢的眼泪，所有的泪水都是谦逊和柔和的，它能融化长期抑郁的心灵——温柔的眼泪能够战胜细密的伤痛和坚硬的心灵。

如前所述，一滴眼泪可以引起我们体内的巨大的良性循环、化解内心的纠结。需要哭的时候就无所顾忌地放声大哭吧！不要哭得有所保留、不要留意时间的流逝，请长久地哭泣吧，投入整个心灵，哭到灵魂也跟着一起哭为止。

泪水是燃烧自己内心感情残片的过程，把这些残片放进熔炉中熊熊地燃烧吧，如果不敢或忍住流泪、无法利落地整理各类感情，只会将残片留在心灵的某个角落，最终对我们的身体产生不良影响。请不要有所保留，将感情的灰烬也一并燃烧殆尽吧，如果真的想这样做，那么就慢慢地默默回想一下之前的生活，回想得越深入，眼泪流得就越自然。如果感到痛苦的话，就请一边大声痛哭，一边倾诉，越是能震撼五脏六腑、乃至灵魂的眼泪，就越有效。哭喊出声音、顿足或哭得直打滚也好，就让泪水洗净内心和灵魂吧，哭得越多，我们的身体就会越健康。

虽然万能的上帝也为人类安排了痛苦的眼泪，但他也赐予人类能治疗伤痛的眼泪。当流尽痛苦的泪水后，就会流出具有治疗能力的眼泪，心底的泪水流尽之后，会感受到全身、甚至是灵魂都畅快起来。直面伤痛并完全倾诉出来，这是必经过程，这完全是因为：为了能够在经历苦痛后获得自由而流的眼泪，等待这类泪水的时间是我们必须做的。

请敞开心灵、自由放松心情吧，也许是一天，也许是十天……等待的时间越长、灵魂越能真实地哭泣，就越会减少谩骂和伤痛，因为正是上帝将这种能够治疗伤痛的秘方恩赐给我们。

我们的身体在期待着自己正直的眼泪，向往着解放内心和灵魂的泪水，我们的身体喜欢并欢迎着这样的泪水，因此，洗净我们的伤痛的眼泪是对我们灵魂最好的良药。

第八章　哭泣，让灵魂得到平复

如同遮掩着我们身体的衣服、包裹着肉身的皮肤
以及骨头上附着的肉体和以心脏为中心的整个身体，
我们的肉身和灵魂，无时无刻都被上帝的爱所包裹。
是的，上帝的爱是无比温柔的。
所有的一切都将老去并渐渐消失，
但上帝的爱却无所不在。

——［挪威］朱利安夫人

为高人一等而生存的人

这位患者进门的那个瞬间，诊疗室内就充斥着他发油浓郁的味道，男士用爽肤水的味道，很浓。个子虽小，整个人却显得仪表堂堂、充满了自信，所以完全不觉得他很矮。他的名字听起来也像是某个有名企业的CEO，可能是因为他看起来像是毫无任何感情的铁人一般不太爱理人的样子，给我的第一印象并不太好。

他的眼帘低垂，抄着手，似乎在说："嗯，你就按你自己所知的说说我的病情吧。"看情况他对自己的病情有所知晓，因此显出一副想看看医生到底对自己的病情知道多少的态度，他骑坐在椅子上，将椅子向后倾斜45度左右，安静地看着我。我的直觉告诉我，这位患者不太容易进行治疗。我认为：已接到癌症通知书的这位患者的病，应该是先从内心开始的，因而才会最终导致肉身生病。

"您认为，是什么原因导致您患上癌症的呢？"我小心地问了第一个问题。

"这个……我怎么会知道呢？要是知道的话，我就不来这里了！"

“在来此之前，是否有人或因什么样的人让您感到痛苦呢?”

“完全没有，我没有害过任何人，也不会放任他人害我的。”

他断然回答了我。我发现，他觉得在这世上自己没做错任何事却患上了癌症，这真是一件不可思议的事情。听到这句话的时候，我能够猜想到他到底是多么辛苦地生活到现在。“我没有害过任何人，也不会放任他人害我的”，这句话所包含的内容是多么可怕啊。

“您认为，您所承受的压力中最大的压力是什么?”

他想了一会儿，以坚定的声音简短地回答了我：“好胜心。”

他的表情还是那么僵化，一句话就似乎概括了他的全部人生。这是我为了猜出他直到现在如何辛苦生活而提出的问题。好胜心，只会平添他与周围人们之间的紧张气氛，尽做一些让手下的人无条件服从自己的管制和驱使他们的事，在感情上建起了铁城墙，孤独地生活在其中。好胜是他所选择的生活方式，也是他成功的方式，但，带来的并不是只有成功，还有癌症。

致流出一点泪水所花费的时间

治疗和心理咨询时，他总是摆出一副傲慢的态度。他的目标是做一个完美的人，在坐上第一把交椅之前倾注自己所有的时间、金钱、热情和精力。利用每一分、每一秒，拼命处理手上的事务，就算是生病，也从未告诉他人，不断向着成功而努力，向着成功飞奔之后，获得了成功，他的人生可以用这样一句话概括。他想用他成功的方式来进行治疗，打算让自己在坚不可催的铁墙内、完全不显露本性地接受治疗，但治疗方式与成功的方式非常不同，治疗首先要先敲碎自己的心墙、将自己完全袒露出来。

“如果想活下去的话，就应该从内心深处畅快地哭出来。”

“是吗？我不知道我为什么应该哭泣。”

抛弃一直以来的生活方式，哭出来的时候，才是真正治疗的开始。他并不明白这点，不，是不承认这一点。

人一生病就容易失去分寸，但他却一点都没有放松自己，还和生病之前一样精神奕奕，让自己轻易不得闲，完全没有放下紧张情绪。这样紧绷着自己生活，也会患上癌症。完全不给他人一点点机会去了解自己，这种态度本身就是压制自己的表现。总是嚷嚷着辛苦，到应该松懈的时候，却拒绝最让人容易松懈的事，因此，没必要强调感情的部分。

从开始到他第一次流泪，大约花了四个月左右的时间。为了让他能够流泪，我先带头哭了起来，在为他祈祷的过程中，我不知不觉地流下了泪水。他那么堂堂正正、一副完全谨慎防卫、绝对不倒的样子，看上去和杰里科城[①]一样。四个月后，在一边流泪一边祈祷的我的影响下，那么坚强的他开始服软了。接受免疫治疗的同时，他感到病慢慢好起来，不管他听不听，我都会说一句无法忘怀的直言："如果你想战胜癌症并活下去的话，首先应该脱下如同盔甲一般的心灵的重担。"为了接受治疗，他一直来找我，终于在四个月时第一次流了泪。

一旦事情有了好转，他就变得幸福起来。他曾认为，自己很有钱，只要下了决心找多少有名的医生都不成问题，他曾嘲笑过眼泪治疗和心理咨询，但与我一直见面的

① 杰里科城：以色列著名的旅游胜地。

这段时间，曾对这种治疗方法抱有怀疑的心，开始融化。本以为这种治疗无所谓的人，目睹了一定治疗效果后，完全敞开了心灵，他还同时努力地开始接受了免疫治疗。一个月接受五至六次治疗，身体恢复了许多，但令人遗憾的是，信赖积累到一定程度时，他的治疗中断了，因为他相信：自己的身体已经完全恢复了健康，而且，心境也完全恢复到接受治疗前的水平。

曾融化的心，比之前以更快的速度冰封起来，不久后，癌症再度降临到他身上，虽然他认为他对癌症很熟悉，其实却无法正视它。

“博士，治疗应该继续进行才好，我不知道怎么办才好。”

他的眼中含着泪水，但这泪水却来得太迟了。

直到疲惫的灵魂完全恢复健康为止

在这样严丝无缝的城中竖起并封锁坚固大门生活的人非常多。不接受其他人，也不放过自己。来诊疗室的人们中，有很多人都如同自己坚强的表情一样拥有坚强的心和灵魂，他们大多都是这世上最成功的人。了解成功滋味的他们，想把获取成功的方法用于治疗，他们执拗于自己验证过的方式。

但，这其实是错误的想法。治疗身体疾病应该完全不同于世上其他的成功方式，应该从回顾至今为止的生活开始。真情回首的瞬间，可以感觉到自己自然地流着泪，应该流着泪倾诉并回顾着愤怒和仇视、委屈和软弱、固执和憎恨等所有一切。这泪水可以祛病，可以让灵魂开始恢复健康，恢复是平安走过的重要通道，而这条平安之路始于眼泪。

生与死如绣花针尖一般，仅有一点点不同也会分岔。随波逐流的话，只能走向死亡。以世上的成功方式是无法战胜疾病的，针尖锐利时，必须要有抛开世上一切方法的决心，试着抛开之前紧握在手里的一切，捶胸大哭吧！不管拥有多么好的物质条件，都不如生命珍贵；不管再怎么珍贵，再没有比守护灵魂更重要的。

疾病并不只是让身体痛苦，打破肉体、精神和灵魂的平衡状态才会生病。假如恢复到了打破平衡之前的状态，那么我们就是健康的了。以均衡的营养来让肉体健康，以减少压力的方式让心灵平静，带着信任和安宁让灵魂也健康起来，这时的我们方才可以说是达到了真正的健康。由于身体的再生能力十分强大，所以身体的伤口会随着时间的流逝而愈合，但精神和心灵上的伤痛一旦产生，就必须付出诸多努力才可能恢复。在灵魂痊愈时所必需的治疗方式，即为眼泪疗法，因为眼泪是上帝以能够治疗灵魂的理由而赐予人类的礼物，这是人力所不能达到的。灵魂的治疗剂——眼泪，也就是祈祷，当放松自己，跪膝祈祷之时，眼泪在成为祈祷的同时，祈祷也就化为眼泪。

第九章　眼泪带来心灵的安宁

没有眼泪洗不尽的悲伤，也没有汗水治不好的烦闷。

眼泪安抚人生，而汗水会养护人生。

——西方格言

您知道喜悦的眼泪吗？

每当想起眼泪的时候，我们总是最先会想起悲伤，因为我们通常所流的都是悲伤的泪水，但喜悦时也可以流泪，这也是一件非常自然的事情。当需要表现出无以言喻的喜悦时，我们通常会流泪。在体育竞赛中临场的选手获得胜利感激无限之时，在激烈的竞争中最终获得第一、接受奖励时，总是有泪水伴着喜悦。当韩国足球队在2002年世界杯中获得始料未及的胜利之时，无论是选手还是全国人民，都流下了喜悦的感激之泪。努力辛苦了一年的笑星们在年末授奖仪式上获得大奖之时，顾不得正面对着摄像机直播，都毫无顾忌地呜呜大哭。人们用这样的眼泪表达最大的喜悦。布莱兹·帕斯卡在日记的一页写了这样一句话："喜悦，喜悦，喜悦！眼泪的喜悦。"这里反复用了三次"喜悦"，可以看出他是多么了解这种喜悦的眼泪。

无论是悲伤还是喜悦，都会通过最极端的方式（眼泪）表现出来。最快乐、最悲伤、最委屈、最生气、最伤心时，我们在不知不觉间流出了泪水，如此看来，泪水也可算得上是我们人生所有感情的主角了。这份眼泪，真实而率真，我们应信任、等待并欢迎眼泪，这是因为，一旦泪水按自己的心意流出后，您就会感觉到：曾经什么也感受不到的内心深处，正充满了自信。尽情哭过之后，我们比之前变得更期待全新的、被净化的自己，会感受到身体内奔涌着净化的力量。因此，没有必要忍着眼泪，更没有拒绝流泪的理由。

流泪，并不是一件凄楚的事，它不是叹息，也不是承认失败，抛却对眼泪的否定想法，原原本本地将内心表露出来，这才是最最重要的事。它不是孩子眼中的泪水，也不是女人的专属，任谁都需要它，如果不想形成心病，就必须要多流泪，隐藏伤痛并将其深植入心中的话，就无异于种下了疾病的种子。然而，如果能坦诚一切，一边轻松地表达、一边流泪的话，伤痛会无处可逃。

“纵观疾病的发生过程，您会发现一个重要的真理：所有的疾病都是在阻碍内在知性表露的过程中产生的。一般来说，如果被称为‘知性’的话，大多数人会自动联想到理性思维能力或概念，但它并不单指智力方面，它比细胞更小，甚至连细胞和组织、中枢神经等，也无法起到表达自己的作用。酶、遗传因子、受体、抗体、激素、神经元等所有一切都是知性表达方式，同时也属于知性。它们具备完备的技术力量，因此能够调节人体必需机能，并伴有在离所谓知性所属的要塞位置相隔很远的身体变化。”

《创造健康：如何唤醒身体的智慧》（*Creating Health：How to Wake Up the Body’s Intelligence*）一书的原作者狄巴克·乔布拉（Deepak chopra）博士认为：当内部所有系

统无法顺畅运行时，人体就会生病。作为上帝赐予人类的礼物，眼泪的用法与用途如果不能按其本性去用的话，人体也会生病。喜悦的、悲伤的、愤怒的、憎恨的眼泪，无论是什么理由，如果勉强的话，都只会产生疾病。但如同狄巴克·乔布拉博士所说，如果保持眼泪能够畅快地流出的话，我们的心灵就会获得平静，摆脱疾病的束缚，因此，眼泪对我们来说就是平安健康，就是自由！它不仅对心灵，甚至对我们的精神和肉体都有益。从这点来说，我们也有充分的理由抛弃那些对眼泪先入为主的偏见。

使人们的身体变得健康的心灵安康之路

眼泪为我们指明了一条安康的路，当心灵获得安康时，我们的身体也变得好起来，我们的身体会根据心理状态的不同而产生巨大的变化。

美国迈阿密医科大学教授、系统进行触感研究的权威学者蒂法妮·菲尔德教授通过实验证明了这一点。他为了证明触感会直接对免疫力的强化产生影响，对 50 名大学生进行了实验，蒂法妮教授将这 50 名学生随机分配为每 10 名为一组，共分 5 组，并分别告诉他们做下列事宜：

第一组闭上眼睛静静地躺着休息，第二组接受按摩治疗，第三组平躺着接受放松身心的肌肉弛缓法治疗，在第四组人出现心情紧张或安宁时使用让身体变得健康的想象视觉心像法，却什么都没告诉第五组人。

实验之前，蒂法妮教授分别取采了这50名学生的唾液，分组实验20分钟后，再次取采唾液，之后，分别对实验前后学生唾液中的免疫球蛋白A和压力激素皮质醇的数值进行比较。结果发现，唾液中的免疫球蛋白A数值在接受按摩的学生组中增值最大，第二高的是第三组，再次是第四组。

触感研究教授蒂法妮通过这个实验证明了触感对增强免疫力的效果。无论任何疾病，对患者进行触感治疗都是十分重要的，不过，如果将产生不同数量的免疫球蛋白A的三种方法并行使用的话，效果可达最佳。即，如果能把有触感的按摩、放松身心的肌肉弛缓法和让身体变得健康的想象视觉心像法一起使用的话，免疫力就会大大提高。这正是我们的身体在心灵的影响下所呈现出的奇迹。按摩、肌肉弛缓和安宁的心境会唤醒我们的身体、萌生与疾病战斗的力量。

按摩、触感和缓解身体和心灵的肌肉弛缓法虽然可以简单用眼睛观察得到，但要通过增强心灵乃至身体都变得健康的想法和思维以获得安宁却并不是件简单的事，这是因为，我们既不愿意相信、也不愿意承认肉眼看不到的事情，这是一个需要熟悉的过程。但假如只要一有让身体变得健康的想法就能提高免疫力的话，这个方法无疑就是重要的治疗方法，而使得心灵安宁下来的想象可以用眼睛确认的好方法，就是哭泣。

想让心灵安宁下来的话，首先要解开内心的纠结，只有这样，内心才会变得柔软起来，流下的泪水会解开心结。哭泣时，再坚固的心墙也会瓦解，这时，我们方能找回心灵的安康。

安宁、安康、平静，这些词语用希伯来语称为“Schalom”。以色列人分离时使用的问候语并不局限于无内部矛盾或战争时所说的，基本上都说问候的话，为“上帝很幸福”的意思，意味着完美、坚实、幸福，不仅包括了物质上的富足和肉体上的完好，还包括了心灵的幸福安宁。这是让人们改善与上帝和他人的关系，并从中找到平和，与上帝和与他人之间如果能维持良好关系，那真的说明您是十分完美的。

与上帝和平相处时，懦弱、愚蠢和傲慢的那个自己就会消失，与人和平相处时，憎恨、不安和委屈就会消失。完美的人际关系以眼泪为出发点。用眼泪让上帝幸福时，上帝也赐予了我们“Schalom”。此时，身体也会开始恢复，我们也能享受到真正的和平。

第十章　泪水就是祝福

笑与泪同样转动着感知的车轮，

然而，前者是风的力量，而后者却是水的威力。

——［美］奥利弗·温德尔·霍姆斯

一束亭亭的花

鱼不会说话，那么，既发不出声、又无法做表情的鱼如何表达心情呢？或是它们用了人类无法得知的某种方式沟通。让我们用一种称为“慈鲷（Cichild）”的鱼来举例说明一下吧，它们主要生活在热带中南美洲、非洲及西印度群岛的湖水中，是一种种类达成百上千种的常见淡水鱼，因具有热带鱼代表性的美丽的形态而被大量用于观赏用，仅作为售卖的观赏鱼种就相当多。从正面看，它们如同耳朵形状一样，身上的斑点也时有时无，当看到这种斑点时，最好是避开，因为有斑点时，就表示“现在心情非常不好，也许会攻击谁”。如果没有斑点，那么就表示“知道了，我输了”。它们就是这样用颜色的变化来向同类表达自己的心情，它们体内的色素细胞扩大时就会显现颜色，缩小时就会没有颜色或颜色变淡。生理学家们发现：慈鲷从细胞方面能够调节自身心理状态。

无论是人类，还是鱼类，所有生物都天生具有表达自己内心的方法，也许不一定都通过语言，表达内心的方式是多种多样的。语言只是众多表达方式中非常极端的一种而已，不用再赘述，眼泪也是表达我们心灵的一种特殊方式。写出开朗美丽的诗句的韩国灵魂诗人李海音修女曾说过一句话：“无法隐藏自己的一束亭亭的花”。是的，眼泪正是从我们身体中开出的亭亭之花，而这花又是花之最，如果内心不委屈，就不会流泪，因为眼泪是人类最正直、真实的表达方式。

但令人遗憾的是，最近人们往往不会流泪。是心灵枯竭才这样吗？从心灵深处流出的水源久已枯竭？

我很少看到周围的人哭泣，相信各位也是如此。无法哭泣的理由十分简单：过分吝啬自己的感动。人们一般不会感动。

因他人的态度仿佛在说："对，你感动一下给我看吧！"自己就非要梗着脖子支撑着。他们因感动而感到十分忙碌、疲惫和无所适从，总认为没有感动的机缘，就算是有机会，也会因心理固执和灵魂呆滞，轻易不会感动。

无法哭泣是比身体的疾病更大、更可怕的病症，因为这会意味着我们可能马上就面临着灵魂干涸、身卧天国了。出生时本来清明、纯净的灵魂，为生活所累后灵魂却慢慢枯萎。

无法哭泣才是最大的悲伤。但奇怪的是，许多人明知这是最大的悲伤还仍旧无法了解这种悲伤，他们丢失灵魂已久。因此，只要能流泪便是福、便是恩了，这意味着我们的灵魂内充满了无限生机。

我们一边流着泪，一边获得复原的机会。流泪是可以改正错误的机会，是能够抛掉憎恨、给予宽容的选择，是控制和平息愤怒的时间，因此，眼泪就是祝福。流着泪的自己是接受祝福的主人公，越是流泪，似乎就会接受到越多祝福。为了不成为无法哭泣的人，就应该用全身心从哪怕是小事间得到感动。

请真心诚意地去接受那些哪怕是细小琐碎的事吧，动心之间流出的眼泪，是我们生活下去的最珍贵的祝福。灵魂诗人李海音修女将眼泪比作美丽之物，在歌声中这样唱着："它温暖了冰冷的我，它融化了僵硬的我。"

以感恩之心接纳眼泪

如果发生了要流泪的事，那么请先感恩吧。流泪的时候，我们会原原本本地正视自己，毫无顾忌地去哭，就能够正视到自己的底线。也许是心病渐深的自己、陷入忧郁中的自己、愤怒和憎恨的自己、懦弱和不勇敢的自己、身体某处患上重大疾病的自己、傲慢狂妄的自己……如果没有眼泪的话，也不会有回顾自己底线的机会，与自己内心隐藏的那个"我"面对面，这才是真正的祝福。

我所见过的许多癌症患者，他们伤痛的深度和痛苦的形态都各不相同。以胃癌患者为例，有的人吃什么食物都没问题，有的人喝水都困难，有人因疼痛而苦不堪言，也有人完全感觉不到疼痛，有的患者呼吸时没任何问题，而有人却觉得呼吸困难、痛苦异常，虽然如此，但每个人都能坚强地支撑目前的状态。事实上，这种坚持本身，就是一种祝福，是一种用眼泪坚持的祝福。坚持本身就是活下去的证据，就意味着要与癌症抗争、坚持每一天的治疗。因此，用眼泪来坚持目前的状态，也是一种祝福。

从将眼泪当成祝福去考虑的那刻起，我们的日常生活就开始发生了变化，我们会用一种新的视角来看待这个极端平凡的“日常”。我们可以感恩所有身边发生的事，无论是多灾多难的一天，还是平淡无奇的一天，我们首先要感谢所有这些日子。用感恩之心去开启并结束每一天的话，心中的忧虑就会逐渐消散。

如果说，您为了保持健康的体魄每天进行一小时左右的健身的话，那么就请为了保持心灵的健康每天投入一个小时的时间吧。试着动情地流着泪，在心中充满感恩吧！被称为“今天”的这个日子，是昨日已死去的曾那么渴望生存下去的、宝贵的一天。

清晨一睁开双眼、吃饭、喝咖啡、收短信、浏览网站和博客、放声大笑、号啕大哭、工作、学习、为了未来而作准备，这所有一切鸡毛蒜皮的日常小事，都是幸福和祝福。

祝福如同空气般的存在，平时可能完全感受不到它的存在，但它消失的瞬间，它的价值和重要性才被扩大。祝福广泛地存在于日常的每个角落，现在，请向平凡的日常祝福表示认可和感谢吧。

了解了对日常的感恩后，就会了解生活祝福的意义，真正地感受到这一点之后，我们毫无例外地会流泪。我们明白一个道理：如果不是上帝的恩惠，我们不会每天沉醉在这些毫不起眼的日常小事之中。我们在不知不觉中流下了感激的泪水。

这样的眼泪不是哀痛或悲泣的泪水，而是感谢和激动的眼泪，它可谓是真正的治疗加速剂。治愈心灵疾病、抚慰灵魂伤痛的，正是眼泪，因此，在明白感恩之后流下的眼泪，是一种祝福。

第三部

什么时候应该哭泣

第十一章　希望改变生活方向的时候

倾听自己所流下的眼泪的语言

指的是将心思集中在自己生活精髓之中。

——［美］杰弗里·A.科特勒

改变人生的眼泪

有两个场景在韩国人脑海中留下了鲜明印象，同时又与眼泪相关。其中之一是李沧东导演的电影《薄荷糖》

中的场景——演员薛景求向着在铁架桥上缓缓通过的火车大喊：“我想回到过去！”纯真的青年金永浩（薛景求饰）在纷纷俗世中随波逐流，他严密隐藏着作为薄荷糖而留在记忆中的初恋，他的人生因此变得丑陋而粗暴，在他的人生看似已山穷水尽的时候，对初恋的纯真记忆让他找到了活下去的理由，从此之后，他之前的日子都慢慢变成了借口，他的眼中流下了热泪。之后，他怀着所有一切绝望和伤痛，向着火车倾吐心声。“我想回到过去！”盛载着永浩的火车开始时光倒流，影片开始用乘火车来倒叙永浩的人生，仿佛为了找回他的人生开始扭曲的起点，一切就会变得非同一般。

在他人生的最低点，我们隐约看到了他悔恨的泪水，虽然想重新活过一遍，但以他的能力却看似不足，永浩困苦的人生重似千万斤，虽然他在能够扭转他人生方向的转折点流下泪水，但他在关键时刻却选择了死亡。在人生的转弯处，他发生了巨大的变化，流着泪却未曾回首自己的生活，让自己已经扭曲了一次的人生方向毫无顾忌地歪曲下去。他抱着能回到过去的希望呐喊着，走向死亡，流泪时，错位的永浩的人生就这样奔向了悲惨的结局。

另一个印象深刻的场景是曾在首尔风靡一时的电视剧

《青春陷阱》中出现的润姬（沈银河饰）流泪的样子。被深爱过的男人所背叛的润姬甚至遗失了女儿，她理所当然地失声恸哭，在凄惨的哭过后，她完全成了另外一个人。曾善良、温顺的她变成了复仇的化身，拼尽一生向背叛自己的男人进行复仇，在使人生变得不同的转折点上，她尽情挥洒了泪水，但她的眼泪却并非是救人于水火的泪，而成了破坏她人生的眼泪。

在人生之中重要决定的瞬间会流出眼泪，这是一种能够改变人生的眼泪。流泪的时候《薄荷糖》中的金永浩选择了死亡，而不是生活；而《青春陷阱》中的润姬将人生目标转为复仇。在泪与泪之间，他们的人生变得不同了，在人生的转折点流下的泪水，给他们的人生带来了不幸，但我知道，在人生转折点上流下的泪水，还有另一个珍贵的含义，让我们来看一下我的一位患者李福株的故事。

感恩的泪，让人生变得不同

在我的患者中，有许多人的生命奇迹是医学无法作出解释的，李福株奶奶（化名）的故事也是其中一个。这是一个科学无法解决也无法说明的奇迹，与我见面时，她的病情已从乳腺扩散到身体其他部位了，加上她高龄已达七十岁，其他医院已经认为很难治愈了，所以，她来找我。第一次相见时，奶奶坚定地对我说：“博士，我之前生活得很好。活到七十岁，我已经很开心了。能活到现在，我真的非常感谢上帝。我认为，我尽心尽力地侍奉上帝，我的子女也生活得很好。就算现在死去，我也不会惧怕。想着在天国可以与所爱的人相见，死对我来说也是快乐的。”

这些话令我非常感动。在奶奶的眼中饱含着泪水，那不是自暴自弃的泪，只有发自真心的感恩和对生与死抱有正确心态的人才能流出这样的泪。我暗想：这位奶奶一定能坚持下来。患者的大胆态度会充分让身为主治医生的我安心，果然，她也未负我所望，一直坚持进行了治疗。除了奇迹，我无法用其他词语来形容。她转移部位的癌细胞完全清除不见了，而且乳腺的癌细胞也减少到极为难得的程度。

在癌症面前，谁都会气馁、都会害怕，自然就会想到死亡。但为什么李福株奶奶可以轻松面对癌症呢？我认为，这是因为她心存“感恩”的结果。

她脸上明显有着一生感恩地生活着的痕迹，这种美丽的感恩之情已形成习惯，在癌症面前也那样自然地显现出来。她对自己之前的生活表达感谢的同时，已做好了直接以快乐的心情接受死亡的心理准备，因此，她所流的是感恩的泪。

癌症的力量非常微弱。

它不能消除爱，

它不能打破希望，

它不能腐化信任，

它不能破坏和平，

它不能让友谊枯萎，

它不能压迫记忆，

它不能让勇气消失，

它不能入侵灵魂，

它不能偷走永远的生活，

它不能征服人类的气魄。

这是在患癌症小孩子的病房前，由某位父亲所贴的文字。因为其中蕴含着慈父之泪的坚定意志和祈祷，每次读起来，我都会肃然起敬，显然这位父亲非常清楚，癌症之类的病无法带走我们的灵魂，当凝视癌症患者的视线变得不同的同时，对这位患者来说就开始了另一种人生。一生怀着感恩之心、就算患上了癌症也继续感恩的李福株奶奶战胜了癌症，她的泪就是这样的感恩之泪。怀有感恩的人生，对生与死的境界也有新的认识。

站在重大选择的十字路口时，一一回顾自己之前的那些岁月后，人们无一不流下泪水，若是在必须做性命攸关的重大决策时小心翼翼地抱有期待的话，也会倾洒出泪水来，如果依然想要挽救包含着自己决断的新人生的话，就应该哭泣。会哭的人，才会生活，重新去做，不是一件容易的事，抛却所有固执、懒惰、安逸、憎恨、偷懒、绝望、谎言……为了以全新的自我重生而需要用眼泪做出决断。在昨日与今日之间，即在经年的过去与全新的未来之间，我们必须搭起泪的桥梁。

第十二章　想生存的时候

考验不能持续很长时间。

也许，救赎自己后享受到快乐的时间会比想象中来得更快。

——［荷］约翰内斯·赫伦贝克[①]

至今仍留在我记忆中的二十八岁青年

在我的记忆中有一位青年，虽然他离世已经有十余

① 荷兰牧会者。

载，但在我的心中，仍然留有对他的记忆。他是一名二十八岁的胃癌患者，与我见面时，他充满了对医生的愤怒，因肚子疼痛去了医院，医生提议用内视镜进行检查，结果却什么问题都没有查出来。

但六个月后，疼痛却一直持续，他找到我所在的医院，而我却必须要告知他已患上了胃癌，这无异于个晴天霹雳，虽然进行了手术，但癌细胞已经全部转移到身体的其他部位，无法采取任何措施，只好缝合了已切开的腹部。如果六个月前进行手术情况会完全不同，一想到这个，青年理所当然无法克制对医生的不信任和愤怒之心，他不得不心灰意冷，仅凭着药物治疗艰辛地度过每一天。

我总是很担心他的状态，所以除查房时间之外，我个人每天去看他三次，为他而祈祷，每次我去祈祷时，他都背对着我横躺着装睡，在查房时间时也故意避开，他看起来完全被愤怒和失落感笼罩住了。就这样，两周之后，他终于这样对我说："李医生，您与我完全没有任何血缘关系，只是我的主治医生而已，但为什么您会为了我而祈祷呢？我真的无法理解。虽然无法理解，但我很感激您。"

生活的另一边，面临死亡

他的眼中掉落着大滴的泪珠，二十八岁的年轻的他，因面临即将来临的死亡而感到委屈和冤枉。在死亡前夕，他处于“愤怒”阶段，对死前患者如何接受死亡进行过研究的伊丽莎白·库伯勒·罗斯博士认为，患者们会经过抗拒和疏远、愤怒、妥协、忧郁和接受等阶段，最终接受死亡。被医生宣告“无康复希望”的患者，会“否认”自己将死去的事实，他们会为自己找种种借口。一边说着“没道理这种事会发生在我身上”、“不可置信”、“医生诊断错了”等的话，为找到活下去的方法，一边到各大医院去检查，一边拒绝治疗。在第二个阶段会表现出愤怒，他们往往会想：“为什么偏偏是我?”他们向家人、医院及神发火，将自己的死归罪于他们。前面提到的青年正是处于这种愤怒的阶段。

这个阶段过后，患者会开始进行“协商”，他们会做些义举，或是决心为神奉献，因他们会觉得这可以推迟他们的死亡，但随着病情的恶化，他们明白凭借自己的力量是无法战胜邪恶的时候，就会开始因极度的失落感和忧郁而倍受折磨，此时就是“忧郁”阶段。再之后，才是将自己的死亡当成既成事实的“接受”阶段，这时，他们不再愤怒和忧郁，与至亲好友一起回忆过去，敞开心怀接受了自己的死亡。

有一天，那位青年对我说出了在天国相见的约定。他说：“在我的生命结束之前，上帝将李博士送来救赎我的灵魂。感谢为了我而祈祷的您！感谢将李博士送到我身边的上帝！”他再也不会愤怒、委屈和害怕了，在他说出约定和这番话的十多天后，他去世了。虽然被宣告患癌症后他曾因对死亡的委屈和冤枉而哭泣，但接受了上帝的安排后，他流的却是感恩的泪水。

无论是否有心理准备，在死亡面前所有人都会畏缩。接到必死的死亡通报后，谁都会惊慌失措、陷入极度悲伤之中，之后，陷入深深的恸哭之中，在绝望前挣扎。以色列忠实的王希西家的情况也正是如此。《圣经》是这样传颂他的故事的：

那时希西家病得要死。亚摩斯的儿子先知以赛亚去见他，对他说：“耶和华如此说：‘你当留遗命与你的家，因为你必死，不能活了。’”

希西家就转脸朝墙，祷告耶和华说：“耶和华啊，求你纪念我在你面前怎样存完全的心，按诚实行事，又作你眼中所看为善的。”希西家就痛哭了。

以赛亚出来，还没有到中院，耶和华的话就临到他，说：“你回去，告诉我民的君希西家说：‘耶和华你祖大卫的神如此说：我听见了你的祷告，看见了你的眼泪，我必医治你。到第三日，你必上到耶和华的殿。

“我必加增你十五年的寿数，并且我要救你和这城脱离亚述王的手。我为自己和我仆人大卫的缘故，必保护这城。’”（列王纪下20：1—6）

先知到来后说出了“你当留遗命与你的家，因为你必死，不能活了”。知晓天下的先知这样说的时候，作为王者也没有什么特别的方法。他只能祈祷：“耶和华啊，求你纪念我在你面前怎样存完全的心，按诚实行事，又作你眼中所看为善的。”王真心的祈祷后又哽咽地哭了好一会儿。看到这些的上帝下了一个特殊的决定，“我听见了你的祷告，看见了你的眼泪，我必医治你”，然后为他延长了十五年的寿命。

如果真的想活下去，就要放下面子和尊严，大声地哭泣，王者也是如此去做的，因此得以在上帝面前延寿。我之所以说想活下去必须要哭泣的原因，也正在于此。

摆脱并放下心灵的包袱

哭泣也分积极和消极两类，积极的泪中寓含着感恩和感激、快乐和感动、喜悦和宽容，消极的泪中有着憎恨和仇视、委屈和愤怒、痛苦和惧怕、悔恨和懊恼。人类并不是100%都能流出积极的眼泪，积极的泪中夹杂着消极的泪，有时，在流下消极的泪之后，也会流出积极的泪，悔恨的泪水可能会转化为感恩的泪，愤怒和憎恨的泪也可能会化为宽容感激的泪，这两种眼泪哪个在前、哪个在后，都意味着向着健康的死亡迈进了一步。积极的泪会替代消极的泪，请接受并为已有的自身的处境和现状而哭泣吧！就算是含有悔恨和怨恨的泪，在上帝面前也总会变成喜悦的泪水。

对生活的忧虑无法拯救我们，对未来的忧虑也毫无用处，无论再怎么担心，这类担忧不会有任何正能量存在，反而被生活压上了更重的担子。忧虑会让人分心，让心灵分出若干岔路的，正是忧虑。将我们逼到死亡境地的，是忧虑、不安、枯燥和憎恨之类的情绪，为了活下去，我们应完全从这些情绪中挣脱出来，在获得自由之前也会需要漫长的旅途，所幸的是，我们还拥有瞬间的决断力。如果不想让疾病之外的心理疾病杀死自己的话，就需要恢复心灵的健康。眼泪，会约请我们的灵魂归位，让一切回复健康的邀请函，正是眼泪！

第十三章　宽容的时候

宽容是我们力所能及的最强有力的事，

如同强身一般，宽容也需要反复练习。

它可以很复杂，

有时，我们认为宽容会忘却或对错误熟视无睹，

但事实却并非如此。

宽容让我们变得自由。

——［美］维克多·埃米尔·弗兰克尔

掩埋撕裂的伤痛，开始孱弱的新生

掩埋撕裂的伤痛就是新生。在懦弱、柔和的新生开始之时，伤痛就会愈合，治疗伤痛都是从柔弱的事物开始。强硬之物是无法进行治疗的。

如同身体伤痛恢复新生一般，多年的心灵伤痛会因宽容而愈合，只有将结痂揭掉，才会让出宽容和爱的位置。只有这样才能开始治疗。

柔弱的宽容使心灵活了过来，感情也是同样。柔弱的感情能救活人，简朴、毫无遮掩的孩子的感情，无论是哭是笑都发自内心，只有心怀如小孩子一般柔弱的感情，才能治愈心灵的伤痛。人生在世所历经的无数伤痕让心灵变得坚强，让我们在不知不觉中不记得这类柔弱的感情，但人心就算是再怎么如同石头一般坚强，也抵不过温柔治疗的力量。

请依靠柔弱的感情和小小的感动吧，越是得到越多柔和的刺激，灵魂就会越如孩子一般容易恢复。虽然哗哗地流出滚烫的泪也很重要，但还是恢复如孩童一般的心灵才是较为重要的事。从孩童般心灵中流出的纯真的泪水，治疗效果才更为显著。

与宽容对立的是死亡

遗憾的是，癌症患者们大都处于与孩童般心灵正相反的心理状态。被宣告患癌症的人，都会陷入极度孤独中，他们感受着死亡的恐怖，因愤怒和惧怕而发抖，因此，这种状态常被形容为“游魂”状。大多数人在接到癌症诊断通知后都变得半死不活的，抓不住头绪，变得傻呆呆的，或是无法提起任何感情，变得毫无知觉，又或是显现得如同忧郁症患者一样，严重的还会直接患上忧郁症，有的人还可能陷入无法流泪的极度感情恐慌状态。

泪的枯竭无异于生命的枯竭。生命之树渐渐长大，无法长大的树木会慢慢死去，虽然这是件悲伤的事，但我见到最多的是人们的生命都如同无生命的树木一般，而让我真的感觉非常遗憾的是，他们往往可以活得很好，却仍然选择了死亡。无论我再如何告诉他们活下去的方法、再如何和蔼地对待他们，他们都听不进去。就算是在生与死的路口做了错误选择、失去了生命，当事者也不会明白。

我记得有这样一个人，她的情况正好如此。因丈夫外遇而离婚、独自抚养孩子的她患上了子宫癌，虽然子宫癌可以遗传，但多数是因病毒而起，她的情况多半可能是因她丈夫混乱的性关系而被传染上病毒所致。她找到我时，癌症已经波及她的全身，所剩的时间已经不多。她的母亲希望让女儿在人生最后的道路上能够获得哪怕是一点点安慰，因此她们找到了我。

所有的癌症患者几乎都有自己的苦衷，都有各自流泪的理由。因此，我将癌症称为“因苦衷而启动的疾病”。她也有充分的苦衷，她那时曾因有外遇的丈夫，有很长一段时间无法敞开心扉，她一边讲述着因丈夫而伤心不已的过去，一边不断流泪哭号。虽然在很久以前她就已经原谅了丈夫，但在她的内心深处，仍然充满了愤怒、委屈和憎恨。她为了活下去，必须要真正地宽恕丈夫才行，如果不宽恕他的话，无异于自己选择了死亡，重要的是她自己必须要活下去，活下去，将连同孩子爸爸的那份爱一起给孩子，让孩子幸福地生活下去，即便是这样，她最终还是没能原谅丈夫，从而走向了死亡。

如果不能宽容的话，死亡就会来得更快些，因此，如果还残留着愤怒和憎恶，就请快放开心胸去宽恕吧，同时，请让泪水融化僵硬的灵魂吧。眼泪就像是从死亡通向生存基地的桥梁一般。有人提出了这样的忠告：“不要恨任何人，憎恶会使精神和神经能量发生不必要的浪费。复仇会消磨大量能量，但却使人一无所获。”

请流下请求宽容的泪

在我的患者中，有不少人都是后知后觉型。年轻时意气风发之日，不知不觉地无视妻子、让其受累，一旦患上大病，回首人生时，就开始懊悔不已。“啊，我对妻子真的做错了”、“我对妻子做了很多坏事啊”，至少，他们恍然大悟的话，还是幸运的，大多数人即使得了病也依然嗔怪和责备对方。

如果说谁需要请求宽容的话，就要以宽和的心接受所犯的错误，这对彼此都有益处，用积极的目光注视今天和未来，宽容和接纳才是智慧的表现，总是将自己束缚在不幸的过去，就很难迈进新的一步，被不幸的过去所牵绊而不用宽容去化解的话，就会独自走进不幸的深隧之中。不要想去审判心灵患上疾病、甚至肉身都有所损伤的自己，审判不是我们应做的事。

“我错了，以前不懂事，请原谅我吧。”请努力地先说这样的话吧，如果应该请求宽容，就请连一天都不要延滞或推迟，这是请求宽容的人为了活下去而提出的申请。不要削减或妨碍他生存的意志，当有人请求宽容时，我们所能做的事只有接受宽容。

肯定和承认，是很难从人的内心顺利地流露出来的，因为先归罪于他人、推卸责任给他人，这是人的本性。肯定和承认是上帝赐予之心。放下恐惧，想象着内心深处流泪的样子，宽容就会变得更简单了。

第十四章　祈祷的时候

心灵越是平静，

祈祷就越有力、越宝贵、越深入、越有效、越彻底。

——［德］麦斯特·艾克哈

最初那次艰难的祈祷

不信上帝的人觉得祈祷是十分尴尬的事。持有其他宗教信仰的人们，虽然内容和形式有所不同，但通过与祈祷相类似的方法与神相见。许多人将祈祷看得很特殊，其实它并不特殊，也不难，简单地说，与患者一起祈祷也是一种心灵旅程，向着治愈患者的心与灵的内部治疗而开始的旅程。祈祷是与自己内心真挚的对话，同时也是与上帝的对话，此时可以倾诉任何事情。想要将内心所有隐藏的话都倾诉出来时，再没有比祈祷更好的方法了，特别是还没有必要说过多的语言，也没必要挑着说好话，只是把想与上帝说的话原原本本地说出来，这就是最好的祈祷了。

每当看到痛苦不堪的患者，我就会更加殷切地想要治愈他。我只能向上帝这样回禀：“上帝啊！您知晓我的艰辛，也知晓我的软弱和无知。如果您不伸出援手的话，我该如何做呢?”这样依赖着上帝和将一切倾诉的我的样子，对患者毫无保留地展现出来，这对觉得祈祷很为难的患者们可以起到好的模范作用。总是有一些患者，他们曾觉得祈祷是一件难事，是需要一本正经去做的大事，但听到我的祈祷后，在独自一人的时候就可以熟稔地去祈祷了。开始时也可能会觉得别扭或不舒服，但这种感觉只限于最初的那一次，第二、第三……第N次去做后，就会觉得祈祷越来越简单了。

在我的患者中，有一位看上去坚强的就像是自出生以来一滴眼泪都没有流过一样的患者，他甚至洋溢着天下唯我独尊的过分自信，看上去十分傲慢。他使你有完全看不出他内心想法的感觉，面无任何表情，他的气场很强，开始咨询时，也是他先开的口。

“李博士，有件事想拜托您。”

“是什么事呢?”

“我希望，您一定不要将我患癌症的事告诉其他人。”

“为什么一定要这样做呢?”

“我到现在为止一直为了成功制定一个又一个目标，不顾一切地向着目标努力，因此得到周围许多人的谩骂，无论是谁妨碍我成功，都会被我毫不留情地践踏，总之，我曾十分心狠手辣。大概知道我患了癌症后，曾因我而感到难过的人们显然都会异口同声地说：‘看吧，那么狠毒，结果得癌症了吧！这也便宜他了！活该！’因此，我觉得大家最好还是不要知道我得癌症的这个事实。”

从患了癌症还那么介意其他人的说法来看，他就是这样狠毒地度过之前的人生。他害怕听到受自己欺负的人的非难，比起自己患癌症的事实更加提防的是他人的非难，我对这样的患者的心情真的很担忧，我对他说，一起祈祷吧，起初他似乎有些惊慌，但一会儿后，他顺从地低下了头，合上了两手。我热切地向上帝祈祷，祈求上帝安慰患者历经艰辛、疲惫人生的灵魂。

不一会儿，我听到了他抽泣的声音，看上去像是与眼泪曾完全无关的他正流着泪，这是在看到了解自己内心的医生为了自己的灵魂而祈祷时流下的泪。

为了他人而祈祷之时，对着不向其他人敞开心扉、总是防备着他人而活的人，祈祷的力量会更大。在祈祷之前没有无坚不摧的墙，假如付以热情，全心祈祷的话，总会明白心门在不知不觉间开启，祈祷会摧毁所有的防御墙，在真心祈祷之前，没有能够坚持到底的傲慢灵魂。

我如果祈祷的话，大部分患者都一定会哭泣的。与患者会面半小时或一小时左右的话，就可以了解到相对比较多的患者情况，在开诚布公的对话中，我可以察看出患者所经历的苦痛和其深度、伤痛和伤心的原因等。谈话结束后，分别之前，我会和患者一起进行祈祷，而且，会将之前的谈话作为祈祷的主题，向上帝倾诉。针对让患者感到心疼的心伤和痛苦进行祈祷，祈求上帝将其消除之时，大多数患者会失声痛哭，心灵武装全部解除，在边为自己而哭边祈祷的医生面前，没有谁还能够固执地关闭心灵。

但比起医生能更好地一起祈祷的人，就是家人。与家人一起祈祷可以轻易化解曾与患者发生的矛盾，跟患者们进行的谈话越深入，我慢慢发现患者与家人关系不圆满的情况出乎意料的多。家人中若有人患病，除了因是家人所表现出接受其伤痛之外，更多会表现得十分敏感。未消除的愤怒和憎恨的火种猛烈地复燃。此时，最需要的就是祈祷。与家人一起祈祷时，收到祈祷的上帝就站在家人之中，代表着和解的上帝会拥抱家人间已分离、隔断的心灵。在祈祷之中的家人和解时，都流着相互宽容的泪。流下的泪水在各自的心中播下了希望和爱的种子。

更好地去哭泣的方法

在采访擅长饰演哭戏的小演员的记者招待会上，常会听到这样的问题："你怎么会哭得这么好呢？流泪的时候是怎么想的呢?"最多是小学一、二年级，有的甚至还是在上幼儿园的小演员们的回答基本相同："想着最悲伤的场面，比如父母去世之类……"这难道因为是演员才会如此感情丰富吗？采访记者又提出让他们马上哭一次看看的烦人要求，之后，大约在不到一分钟时间内，孩子们就掉下了眼泪。因为年幼的孩子非常纯真，一些细微的感情就可以轻易触动他们的心灵。

大人们也有必要拥有某些如同这些孩子一样“光靠想象就可以一下子流泪”的感情，要是只要一想到某件事就能流泪的话就好了，初次知晓上帝并感激其恩惠的人们中，有的人只要提起上帝就会泪流满面。不信任上帝的人看到他们时，也许会大喊“为宗教而发狂”呢！但比起那些数十年才去教会一次、提起对上帝及其恩惠和爱还会面无表情的人们来说，他们的心灵更加纯净，因为他们会原原本本地将初次感受到的爱和感激珍藏起来。对信上帝的人们来说，恢复纯洁的信仰、回归那时的心灵，这与学生的作业没有什么不同。

那些一听到上帝的话就流泪的人在眼泪之中同时蒙泽恩惠和忏悔，感恩之泪让基督教徒走向成熟，从父母与子女的关系来考虑，能够很容易理解这点。许多人在唱《母亲的恩惠》这首歌时，大都会含泪，想起父母的爱和恩惠，就会鼻尖发酸，此时流下的泪水，既是感恩之泪，也是成熟的泪。在听到“上帝”这个词想起上帝的爱与恩惠时所流的泪水，也与此相同。

第四部

应该如何哭泣

第十五章　哭泣的法则：七无

以积极的心态来看，您会发现：

孤独是指引我们内心的指南针。

——［德］古伦神父

哭泣时应记住的法则：七无

病人的眼泪更为悲切，这不是喜悦的泪或感恩的泪，而是因伤痛而流的泪。他们鼓起勇气表露自己想隐藏的事，并因此而流泪，因为眼泪能将我们治愈，所以从现在开始，请不要吝惜表达出隐藏的、被隐藏的和希望掩埋的泪吧。这些泪可以让我们品味到灵魂的自由。

哭泣之前应该先下定决心，在心中打定主意要去痛哭，坚定与此相同的决心之后，心门才能一下子开启。应该完全放下一切面子、社会地位、周围人的视线、时间、应做的事、自尊心……我在使用笑容疗法时，常规劝他们按照“七无”法则去笑。笑和哭相当于硬币的两面，我们感情的两面笑和哭，相同且又十分的不同。当然，刚开始时就下定决心去哭泣，这并不是件容易的事。

眼泪治疗的方法与笑容疗法相同，请遵循以下“七无”法则：

1. 无条件地哭；
2. 无差别地哭；
3. 无时无刻不能哭；
4. 无数次去哭；
5. 无站立地跪着哭；
6. 无颜面时也要哭；
7. 无别的事物比哭更重要。

请仔细想想，您最后一次哭泣是什么时候？那么，您马上就会知道自己有多久没有流泪了，“不久前，我在看《人生剧场》时，不知不觉地流下泪”、“看电影《幸福》时，因为剧情太过悲伤，我哭了”。这里指的并不是像这样通过媒体接触看到什么而哭泣，而是窥视自己内心后为了自身而落的一次泪。因机关算尽而生活至今，我们将眼泪完全遗失了，泪已干涸。现在请按照上述“七无”法则哭泣吧。

无条件地哭。生气时请无条件地哭泣吧；怨恨某人或受委屈时，请无条件地哭泣吧；血气上涌时，请融入瞬间的感情旋涡之中吧；不要压制泪水，尽情哭泣吧。

无差别地哭。无论是放声大哭，还是捶胸顿足的号啕，都无所谓，不要计较方法，自己想怎么哭就怎么哭。躺着哭、趴着哭，哭的方式并不重要。

无时无刻不能哭。不要在意在谁的面前或是在什么场合哭，任何时候都能哭泣，忘记头衔、忘记体面，无论早、晚或凌晨，不要计较时间，就算是在公共汽车上、地铁上也好，又或是正在开着车时也好，只要有机会就可以哭泣。

无数次去哭。哭泣像是草原上奔跑的马儿一般自由，但我们找出很多理由，为它做了很多限制，强忍泪水无异于束缚自己的感情，请放开被束缚的感情吧，无论一天哭几回都可以。

无站立地跪着哭。如果以前从来没试过，那么从现在开始，请试着跪着哭吧，这样做，会先回想起自己的错误，自己的过失会比他人的错误想得更多，而且，想起的并非自己受伤的事，而是自己给他人带去伤痛的事。跪下后所流的泪只能是谦虚的泪。

无颜面时也要哭。不要在意周围的人，请放声痛哭吧，不要担心哭过后人们怎么看您，就算是其他人因自己的泪而感到惊慌，也请不要在意，就算是觉得颜面扫地，但心灵却能平静下来。

无别的事物比哭更重要。请将哭泣当作最简单的方法，请不要将流泪置之一旁，请不要先用其他方法去解决，请不要找任何事物去代替哭泣。一有泪在眼眶里转，就放任它流出来吧，泪水涌现之时，就放声哭泣吧，所有一切在哭过之后再去解决，也不迟。

从现在起开始制定以“七无”去哭的法则吧，在心中祷告并按其法则去哭吧，不要强忍、不要隐藏、不要回避！

大胆、自由地哭泣

来我诊疗室的患者大多是癌症患者，我一般都会让他们一定要和自己的家人一起来，这并不是因为他们行动不便，才需要家人的帮助，在治疗的时候有家人陪伴的话，对患者会有莫大的益处。由于与家人一起承担患者的伤痛和难处、孤独和恐惧十分重要，所以大多不仅要与患者本人，还要与其家人一起谈话。

来诊疗室的家人们大多表情都不太自然，有些人生怯又很尴尬，与我谈话和诊疗结束后，再一起祈祷，到此之前患者和家人一般都只是生硬地去做。然后，我一边殷切地祈祷，一边噙着泪向上帝倾诉，患者先流泪的时候，我也会自然地跟着哭泣，但患者的家人却往往面面相觑，他们并不能走入自己的角色，而是努力控制自己不哭泣。就算是与患者最亲近的家人，在外人面前都会想努力地掩饰泪水。

“身为父亲，在女儿面前怎么能流泪……”

“在这儿哭泣是不是有点丢脸？”

“为什么与我们没有一点血缘关系的博士哭泣呢？”

因顾着让内心无法释怀的神色、颜面和自尊心而使得前功尽弃的时候，我也曾遇到过好多次。请家人也按照“七无”法则来哭泣吧，永远与我们同在的上帝，会与我们一起哭泣，并让我们获得自由的。

第十六章　幸福的眼泪

不懂得眼泪的眼眸，无法看到真理。

未经历伤痛的心灵，不了解他人。

——［德］亚瑟·叔本华

找到喜悦的感觉去哭泣

喜悦与空气相同。喜悦或空气存在于我们的周围，却往往不被感知，但如果没有它们，我们就无法生存，虽然肉眼无法看到，但喜悦分明就在我们的周围，就算所有的一切都让人喜悦，我们也可能对其熟视无睹，因此，我们需要进行识别喜悦的训练。只需要转换一下想法，我们就可以轻松地找到喜悦。

仅仅能去医院也算是可以无限感恩的事了，有很多人生了病也去不了医院。患上有治疗方法的病不也是值得感谢的吗？有多少疾病连治疗药都没有呢！喜悦就是这样简单。回想起比现在还不如的那些状态，就很容易发现喜悦。

我一直都认为，帮助他人会对癌症治疗较为有益，关爱他人的人、做公益活动的人非常了解这一点。爱的喜悦、奉献的意义不属于得到爱与奉献的对象，反而会给关爱者与奉献者本人更大的益处。癌症患者如果能仔细关心他人的难处、予以援助的话，会感受到喜悦和深刻的人生含义，而这些正是使人变得健康的安多芬激素。在我的患者中也不乏用赈济他人和奉献而战胜癌症、创造奇迹的人。

2006 年 4 月，因患乳房癌而找到我的金英美（化名），是一名癌细胞已转移到肋骨、肺、脊椎等处的四期末癌患者，普通医院已经完全没有治疗方法可实施，因此，我接手后没有采取任何抗癌治疗，也没有进行手术和放射线治疗，金英美就在这种状态下活了一年半，结果她的病情好转了许多，甚至达到了可以考虑手术的程度，但她却没有选择手术。

“我活到现在，也是托了上帝的恩惠。我对这个世界已没有迷恋。就算此时，我也不在意是否比他人活得更久，随时可以赴往天国。”

她的态度很坚决。她时常带着感恩之心快乐地祈祷，积极主动地帮助和关心他人，并找些让他人开心的事去做。临去逝之前，曾充分地感受和享有到生活喜悦的她也流下了泪水，但这是感恩的泪、喜悦的泪。在去世之前，她仍然努力地去发掘喜悦。

2007 年 10 月 2 日，我们看了她的 CT 扫描结果后，全都大吃一惊，曾转移至肋骨、肺、脊椎的癌细胞已完全无踪影了，癌细胞的大小也明显从 5 厘米降至 1 厘米。是什么让她的体内发生了奇迹？在接受免疫治疗的时候，她一点也不像一个癌症患者，以健康的身心快乐地生活着。此外，她也总是努力地去发掘感恩和喜悦之处，我相信，她的奇迹完全是因为她以快乐的心情去祈祷和奉献的结果。

一边想着他人，一边哭泣

某天，我们会突然感到在这地球上似乎只剩下自己一个人一般地孤独，又或某天，又会觉得如果失去父母、兄弟或朋友这样无与伦比的至亲中的一位的话，就无法活下去。

我们都是某个人的子女、某个人的丈夫或妻子、某个人的亲密朋友，在如蜘蛛网一般的人际关系中，我们占有一席之地，虽然看起来如篱笆一般，却比想象的更宽广，在这篱笆之中，自己真的是很难得的存在，而他们对自己来说也是十分宝贵的存在。这个事实不会改变。

在运动、散步或安静冥想之时，请深入地想想你所爱之人中的某一个人吧，请将自己想象成那个人吧，妈妈、妻子或朋友都可以。一边想着你所爱的某个人，一边从他的角度去看问题，即使那个人你曾憎恨过，或是自己无法原谅的人，也无所谓。请一桩桩、一件件地去回想与那个人之间幸福的回忆吧，什么时候让他伤心了呢？因为他而发生了什么伤心事呢？请慢慢地回味那所有一切吧。

这样一边回想，一边就突然想起应将爱回报给所爱之人，那种爱会重新让人感动。在内心深处想着真心为自己着想的他们，泪水就如泉水般涌出，一想起真的心疼自己的他们，就会不由自主地流泪，每天沉浸在越来越深的感恩之中，思及来不及回报的爱和无论如何也无法回报的恩惠，感激之泪就会无休无尽。

在光明下哭泣

“光，本是佳美的，眼见日光也是可悦的。”这是《传道书》中第12章第7节的一段文字，源自于《圣经》的《传道书》是以智慧著称的所罗门王所著的一本书，看来，他能够深深地体会出向着光明而生活的快乐和喜悦，他比所有人更懂得生活的意义。我们也应该向着光明生活下去，为了享受到光明所给予人们的快乐和喜悦，人们就应该到大自然中去，所罗门无疑曾感知到了自然所赋予我们的生命气息。

我不太建议患者们去做些特殊的运动，不只是因为很多人难以持之以恒地去做辛苦的运动，而且做了运动也不一定就能产生喜悦。说是为患者好，但有时却反而成了他们的思想包袱，这只会产生反作用。我一般会建议做一些容易做的事——到大自然中去，登山、散步，什么都好，只要能融入自然之中就好。微风轻动、树叶间闪闪的光芒、宜于独步的幽径、悄然飘入泥土中的落叶、在无人的角落茁壮成长的新芽、各具世上最美丽色彩的花儿……看到这所有的一切，心中会充满了宁静。

在大自然中听到的各种声音，也是绝无仅有的治疗剂。风声、水声、鸟鸣，融合为一体，汇成一首大自然交响曲，于是，受伤的灵魂得以重生、获得慰藉。鸟与树都是那么鲜活，而让人遗憾的是，失去了原貌的我们直到现在才得以回归自然，我们却带着一身无法愈合的伤痛，孤独地站在大自然中。

慢行或快走也是不错的方法，一边按着自己的现状调整着步伐，一边完全融入自然之中。让自己成为自由的鸟类、树木或是风吧！请一边走一边发表自我宣言：

我很幸福，

我能战胜癌症，

我是个有大智慧的人。

请重复说几次，大声、清楚地说出来，那么，这些话就会烙在脑海之中，深入我们的身体之中，在此时，身体真的能感受到、并充满了力量。

在自然中行走，不由自主地会哼起歌来、自然地去赞颂恩德。

据说，人们经常唱歌的话，可以缓解压力。去练歌厅唱卡拉 OK 的人很多，在会餐中不可避免去练歌厅的原因，也正是因为唱歌正好可以缓解压力。我们在唱歌时会将感情融进去，在感情中包含了只有自己知道的某种情愫，将感情唱进歌中，意味着感情得到升华。

我们不可以在黑暗的房间中唱歌，而是要一边接受着阳光的照射，一边到大自然中去做这件事，可以哼唱自己所喜爱的歌曲，或是唱圣歌。在无比美丽的自然中获得灵魂的自由时，会突然有一刻不由自主的鼻头发酸、心潮涌动，在不知不觉中流下的泪水，是源于感恩之心。心随着自己所冥想的事，不自觉地沉浸在眼泪之中，在此时，我们会发现自己那颗如光一般闪亮的心灵。请找到如同阳光一般耀眼的灵魂的安宁吧。

第十七章　请在爱中相拥而泣吧

没有任何事物能如同一起哭泣一般，让人们的心灵紧密结合起来。

——［法］卢梭

与理解自己伤痛的朋友一起哭泣

“我觉得需要您的治疗，所以我又来了。药都差不多没了。”

这位患者，这次也是一边嬉笑着，一边进了诊疗室。

他走遍全国，接受了许多最好的治疗，即使如此，如果他觉得不舒服，还是会找我。当快被遗忘时就会出现的他总是喜欢装行家，不，他对自己病的掌握快达到专业水准了。他知道什么对自己的身体好，什么对自己的身体不好，他能很好地按自己的状况来调节生活，像在鬼门关前打过转儿的那些勇士一般，他的意志如同钢铁一般坚强。

有趣的是，他积极响应笑容治疗，却极力拒绝眼泪治疗。

“我有按照博士指示去笑哦！看，哈哈哈！哈哈哈！”

他豪放不羁地大笑了，但当我给他讲明了眼泪的力量，让他试着哭泣的时候，他却怎么也听不进去。

“有能哭的事才会哭吧。没有什么事能让我哭泣。”

他断然拒绝了我，但某一天，我终于成功地让他哭了出来，能使得被压抑的眼泪爆发出来的方法，正是去揭开感情的痛处。我很清楚，在他的一生中曾受过什么样的伤痛，他关闭了自己受伤的心扉，装作已经遗忘、没发生过或是根本没有受伤的样子，我知道这一点，因此，那天我没有再采取迂回的方式，直接针对他的伤痛进行祈祷。

“上帝啊，请救救他（某某某）吧。您最明白，他为了遗忘付出了多少努力，作为医生的我，是那么的微不足道，您应该伸出援手，安抚并慰藉他。他是一位为了活下去而饱受磨难的人，甚至在他年轻的时候曾去翻垃圾桶找吃的，他是一位经历凄惨之痛的人。”

在那个时候，我听到了痛哭的声音，一名男子汉在我的面前哭泣着，一个看上去完全不需要别人的安慰的人，一个无比坚强的人在哭泣。年轻时曾经历极度苦难的他，内心深处还留有酸涩的伤痕，对于看上去如无惧世事的勇士一般坚强的他，也有脆弱的一面，那就是他的伤痛。不要加重某个人的伤痛，请抚慰它吧，只有那些最了解深深伤痛的人们，才能给予自己最大的安慰。

泪往一处流

患者是世界上最孤独的人，他们在极度痛苦中备受煎熬，癌症患者尤其如此。他们离死亡只有一步之遥，因为不知道什么时候自己会被死亡所吞没，因此他们十分孤独和恐惧。无论别人再如何予以理解或给予关爱，都不可能如当事人一般感受到真切的压力，因此，患者身边的人们，特别是家人们，应该不断付出更多的努力，应该为了与患者一起做某事而付出辛苦。

在患者祈祷的时候，应与他在一起，不要让他独自一人，应该让他感受到有您的陪伴。让他明白您也会一起哭泣，共同分担他心中的痛苦，比起他一个人向上帝祈祷来说，两人团结一心共同去做更有效。

两人一起祈祷的话，虔诚也是双倍的，在那祈祷之中有着大爱和分享痛苦的心，因此，多人一起祈祷会有更强大的力量。许多人聚在一起，只为了一件事而齐心共爱地去祈祷吧，您会体验到祈祷的强大力量的。

能够安抚陷入无法说出的孤独的患者们的团体，称为“联盟”，即团结一心，一种奔向爱的团结意识成为了使患者战胜痛苦的力量。就算不是自己分内的事，也会一心替他着急，为他而哭泣，从而使患者萌生战胜病魔的意志，有了能重新站起来的自信和与疾病战斗的勇气。

“是的，他人为了自己而祈祷，自己绝不能显现出懦弱来！应该考虑到为自己而祈祷的人们的心，我要赶快好起来，回报他们的爱！”

患者会从内心萌生这种愿望，这种愿望就是从祈祷的力量、团结的力量中衍生出来的。与任何人联合起来的力量越大，痛苦的锐气就会减少得越多，我之所以说要将心凝聚在一起哭泣的理由，也正在于此。一起哭泣所流的眼泪，威力无穷。

在哭泣中相爱、相拥

大家大约应该会记得这张照片：在同一个保育箱内放着两个新生儿，一个孩子的胳膊拥着另一个孩子。1995年，这张题为《拯救生命的拥抱》（*The Rescuing Hug*）的相片，感动了全世界人民。

凯莉和布里埃尔生于马萨诸塞州纪念医院，她们的出生日比预产期早了12周。两个孩子作为体重不足1公斤的早产儿，被分别放入不同的保育箱内，医生认为，心脏先天异常的布里埃尔会于不久后死亡，果然如预想的一样，凯莉成长得很茁壮，而布里埃尔却渐渐陷入了令医生束手无策的状态。她因呼吸不畅和脉搏微弱几乎马上就要死去，此时，正是她们出生后一个月左右的时间。

这时，有19年工作阅历的护士盖尔忽然想起曾在欧洲流行一时的早产儿治疗法，于是，她提议将快要死亡的布里埃尔和凯莉放在一个保育箱内，她认为，布里埃尔和凯莉自在妈妈腹中开始孕育生命之时就一直在一起，因此将两个婴儿放在一起会更好。医生曾因这样做会违反医院规定，苦恼了一阵，但在得到了孩子妈妈同意后，终于将布里埃尔移到了凯莉的保育箱，将两个孩子并排放在了一起。

在那一瞬间，奇迹发生了！凯莉伸展着小手，像将要拥抱布里埃尔肩膀一样环抱着她，而布里埃尔的心脏开始恢复平静，血压和体温也逐渐恢复了正常。曾生病的布里埃尔，她的心脏、血压和体温都与凯莉变得一样正常了，护士起初也以为是医疗器械出了故障失灵，但奇迹却真的发生了，这是名副其实的“拯救生命的拥抱”。13 年后的今天，凯莉和布里埃尔健康地成长为梦想成为护士和兽医的少女。

我认为，感受到生命正一点点消失的妹妹布里埃尔时，凯莉心中一定在流泪，因此，妹妹一到身边，凯莉就用自己幼小的胳膊拥抱了妹妹，用爱去环绕并拯救了妹妹。虽然最初她流的是看到将死的妹妹而悲伤的泪，但之后却一点点地转变为看到妹妹活下去之后欣喜的泪了。

看吧！爱抚救活了他人！比起百句安慰他人的话，触摸的力量显然更加无与伦比。对视也是一种触摸，请手握着手、拍着肩膀、心贴心地拥抱吧，相拥并轻抚对方，亲吻着对方吧，这所有一切触摸都能救活我们，请心怀亲和之爱去拥抱。还不会说话的新生儿凯莉将最好的给了妹妹，虽然她还是一个什么都不懂的婴儿，她却本能地懂得能让人活下去的方法。拯救即逝生命的方法最为纯洁和简单，用爱相拥并一起哭泣吧！

第十八章　记住并依赖那份心情

当心灵一片空白时，就算我接受无数人的关心之时，也似乎不能变得忧郁。

当感知到内心的平静时，我能够为了无数个不相关的人而祈祷，

还能够感受到与他们无比亲密的关系。

——［荷］亨利·瑙恩

一边说着自己所必需的宣言，一边哭泣

偶尔，我会遇到一些难以医治的患者，这并不是因为

他们患上了难以治愈的病，才称为难以医治的患者，而是说因为他们对医生充满了怀疑、过分地计较某些事。有些患者来治疗的同时，手里拎着满满一大堆图表，那都是一些之前在各大医院得到的诊断结果，而且，还会附以冗长的说明，如果我听了说明，那就真的不知道谁是医生、谁是患者了，这让人自然地有种错觉，我面对的不是患者，而是研究癌症数年的专家。越是这类患者，就越不相信医生，越是固执地不肯听别人的建议，不仅不配合治疗，还会在自己和医生之间竖立一道坚实的不信任之墙。

因大肠癌而来看病的一位大学教授正是这类患者，她的表情很黯然严肃，陪她一起来的丈夫和女儿们的表情也不明朗，看起来十分担忧。我像往常一样建议与家人一起进行祈祷，并告诉他们，我会站在患者的立场上进行祈祷，请他们跟着我做，然后，我带头先进行了祈祷。

“我要痊愈，我能够战胜并克服这微不足道的疾病，因为关爱我的上帝会为我治疗，我最终决不会是癌患者，只是身体不太好，暂时得了肿瘤而已，这并不重要，我要痊愈的，我真是个幸福的人。”

如预料中的一样，患者并不真心实意地跟着我祈祷，只是大概马马虎虎地嘟囔了几句。对自己的病情了如指掌和要战胜这个疾病，完全是两件不同的事，但作为理智的大学教授，她认为发誓自己会痊愈的这种宣言没有任何意义。在我的催促下，她只是不得已才假装跟着做。

家人们的反应也很平平，谁都不肯跟着我做。我又强调了一遍："家人要像患者一样一起跟着宣誓，这十分重要。对患者的治疗有着莫大的益处。请按照患者说的跟着祈祷。"

一起来的丈夫和女儿们看上去还是满心怀疑。

"博士，我们也不是癌症患者，一定要这样跟着祈祷吗?"

我心里着急，这样说道："请试着怀着自己患上癌症的心情跟着做吧。患者的癌症也可以当成是各位的，因为你们是一家人，应该一起分担痛苦和艰难。用能够痊愈这样的患者宣言和信心，家人应该以同样的心情予以支持，只有这样，患者才能拿出勇气、做得更好。"

妈妈的癌症并不只是她的，而妻子的癌细胞也并不只是她自己的，那就像是自己患病一样。家人要一起分享爱，同时也是一起分担痛苦的特殊存在。

我曾认为这位患者的家人不会再来了，因为他们都是聪明而理智的人，很明显，他们不喜欢我的治疗方式，患者也不相信医生，家人们也对医生充满怀疑，但奇怪的是，他们第二次如约赴诊。

哭泣时，不要只是一味地哭，总要有一个理由，即流泪的理由。一边说出自己的期望，一边哭泣，因为治疗需要自我宣言。癌症患者应该一边进行着“我要痊愈”的自我宣言，一边哭泣。因感到委屈而哭的人应发誓倾诉出所有的委屈，因悲伤而哭的人就要发誓消除悲伤的原因。边哭边说出的誓言会长久地留在心里和脑海中，全身各器官和细胞会一点点地刻印下这些誓言。我们的身体会按主人的誓言去运作，按照“痊愈、遗忘、宽容”这些自我宣言和指令来运行全身，因此，一边进行自我宣言、一边哭泣，对我们非常重要。

接受神的旨意，以上帝之心去哭泣

“我的癌症现在已痊愈。”为了完全治愈，必须需要有一个像这类宣誓的过程，并不是说已经宣告要变得不同，就万事大吉了，最重要的过程还有一个，这就是要与上帝融为一体。当您用眼泪诚恳地向上帝提出请求时，他回复了您。只有与上帝同在时，眼泪才流出来，只有与上帝同在，才会哭泣。没有一滴掉落的泪水是自己的，奇迹是从一滴眼泪开始发生的。

让癌症痊愈，是自我宣言，与上帝同在时，奇迹才会发生，世上无唾手可得的事情，同样也绝对没有不劳而获的奇迹。只有需要救赎的人得到上帝的回应时，才会发生奇迹，奇迹是上帝对热切祈祷的人们提出的要求进行回应的结果。

治愈患者的神迹是所有放在上帝面前的“请求”，在将军向上帝提出治疗自己下属的那个瞬间，他的下属就痊愈了。卧床的中风患者的信仰使得上帝治愈了他。数十年染上血漏的女人抱着痊愈的渴望心情抚摸上帝的衣摆时，蒙得了圣恩。看不到前路的人们看着身边经过的耶稣大喊：“请可怜可怜我们吧！”耶稣询问他们：“你们相信我能做到此事吗?”人们答道：“是的。”于是上帝施以了援手。

我们在提出请求时，上帝在做出回应。假如只有“我要痊愈”的自我宣言，就只意味着自我洗脑。一边向上帝祈祷，一边用眼泪提出请求时，上帝就会施以援手，奇迹的发生就是这样简单。信任与信任后的结果，请求与请求后的回应，祈祷和奇迹总是同在。有了最简单的方法，我们就没有理由再去寻找其他途径了。

有了自我宣言，之后再完全按照并依赖上帝的旨意和圣意，经常一边阅读、思索着上帝的话，一边进行祈祷。这样做后，您会觉得每一天都是新的一天、每天都会变得不同，自己也不是以前的自己了，变成一个完全崭新的自我。

瘫痪患者、中风患者和视觉障碍人全都一心信任上帝并蒙受恩泽，他们通过明确的请求和祈祷，体验着上帝所赐予的奇迹。在那一瞬间，他们的生活变得完全不同，包括内部治疗在内的所有治疗过程中，最重要的并不是自我意志和医生的意志，而是上帝的旨意。

所有一切决定权在于上帝，请将所有一切交付给上帝吧，上帝是不会拒绝所有信任者提出的治疗请求的。

第五部

谁应该哭泣

第十九章　男人更应该哭泣

自由的男性会表现出“圣洁的灵活性”，

他们可以为了正义而勇敢争斗，也可以为了受苦难者而流泪，

可以坚强地勇争上游，也可以谦虚地退而顺从。

——［美］比尔·海波斯

因少见而引人瞩目的男人的眼泪

在日新月异的今天，男人的眼泪越来越受到人们的关

注。为强调男人的眼泪很重要，它的使用方式也逐渐增多，在电视剧中靓丽青春的恋爱故事里一定会出现英俊男主人公的眼泪。可能您会想“为什么我的爱人不哭泣呢”？在电视剧里出来的花样美男们动不动就会流泪。常言道“男儿有泪不轻弹”，这句话分明过时了。

在不久前结束的总统竞选电视广告中，总统候选人也流下了泪水。在广告中总统候选人用黑白胶片展现了他体验贫苦百姓生活时拥着一位普通老奶奶哭泣的画面。这是用眼泪来打动选民情感的选举策略，并不一定非要在大选之时，总统的眼泪才能引得人们关注，总统一边看着电影，一边流泪时，媒体也会不断地进行报道。

近来，男人的形象重心已转为有着温柔泪水的、人性化的、纯情的男人了，但数十年前并不如此，1972 年曾为美国总统候选人的埃德蒙·马斯基听了妻子攻击性的指责言论后，流下了眼泪。美国人民却因此开始批评他懦弱无能，马斯基为了避开指责，辩解说那是因为眼疲劳而导致的结果，但他终于还是因这眼泪而受到了巨大打击。

岁月流逝，大众对总统的眼泪也有了新的诠释，1990 年比尔·克林顿总统在大众面前哭泣时，他的支持率开始飞速上升，大众十分爱戴他，克林顿非常确信流泪是赢得大众之爱的好方法。各大媒体曾报道说，克林顿七个月间流了11次以上的泪水。

他在战争中死去军人的妻子面前哭泣，在因暴力失去子女的父母面前哭泣，在教会听圣歌时哭泣，甚至能够毫无理由地流泪，这样的克林顿可以称得上是眼泪的总统。

对大众来说，公众名人的眼泪具有特殊的含义，如果这眼泪是男人所流的，就更加在大众中留有深刻印象了。无论是策略性的哭泣，还是毫无意图的哭泣，人们都很喜欢哭泣的男人。现在没有人会因男人流泪投去异常的眼光，也没有人故意强调“男儿有泪不轻弹”的老话了，实际上，最近这个时代要求男人们流更多的泪水，而且让人感到十分庆幸的是，人们认为男人的眼泪也是很自然存在的事物。

男人之泪的特征

男人的眼泪与女人的眼泪在很多层面上都有着差异，虽然有的女人以流泪来获得某些自己所需之物，但对男人来说几乎完全没有这种情况，如果男人为了达到某种目的而使用眼泪的话，就会产生许多反作用。在商业上，是否有意使用眼泪能得到正面评价，这还是个未知数。由于男人的眼泪很罕见，所以它具有更强的说服力，这的确是个事实，男人短暂却大滴的泪更深刻地表达了自身的真心和无与伦比的坚强。

有人发表了这样一个研究结果：在失去所爱之人时、仅仅是在经历令人感动的宗教体验时，男人也会像女人一样哭泣，他们不在意周围人们的视线，放声大哭。他们总是被不流露自己感情这种俗见所束缚，但在工作中当得到某些人特别肯定时或已经竭尽全力地工作结果却还是令人失望时，男人也会流泪，然而男人们几乎不会去抓住某个人向他人倾诉自己哭泣的理由，但根据情况不同，也会频频说明或对自己流泪进行长时间辩解，这是因为害怕被他人指为太懦弱而预先进行的防御措施。

还有研究结果表明：对某些特殊的事情，女人平均会哭六分钟左右，而男人大约只会哭两分钟。从医学上看，男人比女人具有更能哭的身体结构（稍后会介绍到这一点），即便如此，男人也比女人哭泣的时间短，这还是因为他们有“不可以哭泣”的想法。对女性来说，被戏称为“爱哭鬼”这类外号不算什么大事，但如果男人因太爱哭被冠以这种外号的话，大概就会在职业生涯中遇到很严重的阻碍。虽然现在在社会上也正渐渐转为视男人之泪有益的好现象，但一般来说，男人频繁流泪就会很容易被他人讥笑，因此，男人们一直坚忍、压抑着泪水。

因为男人的泪很罕见，所以人们很关注这样的泪，也将男人的泪水当成一件大事风传，如果视男人的眼泪是平常之物的话，男人们就会哭得更放心了。若是能够充实自己的感情并如实地用眼泪表达自身感受，那么男人们就不会像现在这样承受巨大的压力了。

致力于眼泪研究的杰弗里·A. 科特勒博士告诫人们：越哭泣就越无法抛弃自己的男人最终会有许多体会，男人们有必要开放表达更多自我情感，对于眼泪，应该抛弃学习了很多次并一直坚持到现在的自制力。只有开启心扉、忠于自己感情的男人才能流出许多泪来。

医学角度认为男人比女人更能哭

因社会、人文方面的原因，男人会因抑制表达自己的感情而感受到更大的压力，压力是产生癌症的重要原因。韩国保健福祉部以 1993 年至 2000 年 78 万余名癌症患者为对象进行调查，结果表明：每 10 万人之中男性癌患者约为 254.2 人，女性癌患者为 195.7 人，男性患者的比率大大高于女性。由于无法哭泣，男性比女性承受的压力更大，所以癌症比例也更高。

实际上，当用量来衡量眼泪时，男人的眼泪远比女人的多，男人的泪腺囊比女人更大，因此，男人可谓算得上是具备可流出更多眼泪的生理构造。即他们能一次性流出更多的泪。但男人比女人更不爱哭时，男人就会失去一个缓解压力的方法。另外，男人的泪比女人更咸涩，因为里面含有更多的如免疫球蛋白 A 之类的蛋白质。

雄性激素是与眼泪关联至深的激素。2000 年英国眼科学会研究报告表明：他们发现了泪腺组织中雄性激素的受主，雄性激素不足极可能导致眼球干燥症。雄性激素不仅可增加眼泪的分泌，还会对泪腺的成长和分化产生重要影响，美国研制的眼球干燥症治疗剂中甚至有含有雄性激素可涂抹于眼用周围的制剂。

患眼球干燥症的女性远多于男性。在我们体内的皮脂腺中，可调节眼皮内的眼睑麦氏腺（Meibomian）的就是雄性激素，麦氏腺作为眼皮内分泌油脂的腺体，可使得眼眸和眼皮灵活运动，女性更容易患眼球干燥症，就是因为雄性激素少的关系。而且，还有一种疾病，是因唾腺和泪腺慢性发炎后，慢慢导致唾腺和泪腺干枯的干燥综合征，患这种疾病的患者有95%以上都是女性。

如上所述，从生理构造的角度看，反而可以得出男人流泪是很自然的现象的结论了。男性本来就具备可更好流泪的人体构造，只是因社会的俗见才被压抑住了，男人不哭泣，这从根本上就违反了天意，压抑了自然产生的反应，还会产生其他压力。男人不哭泣是虚伪的，应该抛弃这份虚伪，让身心都健康起来，让这段时间曾被压抑的眼泪都流出来，能够流得更多才好，流泪的男人是健康的，通过眼泪，男人丰富了情感、放松了心情，更有益于自身，最重要的是，身体变得健康起来。在改进中家庭变得美满和谐，社会关系也变得融洽，我们没有必要因为错误的认识而去压抑眼泪。

第二十章　希望得到爱的人应哭泣

看到与疾病战斗的人时，我了解到：应该摆脱所有一切非真正的自我。

那是为了了解他人而存在的自己，那并不是真正的自己。

看到即将死去的人们时，我们则不再计较他的过失、错误和疾病，

虽然之前还对这些抱有期望，但现在不会这样做了。

现在我们只注重“这个人”本身。

——［美］伊丽莎白·库伯勒·罗斯

性格好与性格坏的人

“是否存在易患癌症的性格呢?”这个问题看似很出人意料，但我却常常会被问到。问的不是易患癌症的体质，而是性格！而我常这样回答：“存在易患癌症的性格，性格好的人不会患癌症。”

那么，是否就能够说“得癌症的人性格都不好”呢?并不是所有癌症患者的性格都不好，当然，性格好的人也可能得癌症。

性格好的人常常会听到周围人的好评，人们热爱他，无论他走到哪里，都受到欢迎，性格好的人了解真正的喜悦是什么。我用“joy”这个英文单词来表达喜悦的含义。“Jesus first，others second，you third.”最先要顾虑到上帝，然后是邻居，最后才是自己，这才是真正的喜悦。不信仰上帝的好脾气的人会先顾虑他人，再考虑自己。

相反，性格不好的人无论去哪儿都会与他人发生摩擦，人们总是在背后嘀咕他、传言坏消息，内向的人、过于谨慎的人、纠结于过去的人、对任何事都斤斤计较的人、对所有事都做出消极反应的人、爱批评他人而非称赞他人的人，这些人都容易患癌症。我称这几类人为“以自我为中心的人”。

性格好的人怎么都会考虑得多些，他们本能地以关心周围人为习惯，总是会再三考虑自己的话会对对方产生什么影响，本着这样的想法再去关心他人的话，当然会从中感受到压力。

然而，无法获得周围人好评的人正相反，他们反而会给他人带去压力，他们大多不理会他人的感情，任意妄为，所有的事都要按自己的意思办，反省或关心这类话，对他们似乎完全没有用，他们不会回想或悔悟自己的错失，不会对他人说出或做出关心的话或行动，因此，他们根本不会有压力，就算是感到了压力，他们也会全部推给周围的人。

免疫力与压力密切相关，但并没有定式证明，感受到大量压力就一定会使免疫力下降，人们需要一定的压力。过度压力虽然会使免疫力下降，但某种程度的压力反而会增强免疫力，但如果为了他人而苦恼、推测他人心思或为了谦让而烦闷，虽然可能会立刻就产生压力，但最终却会不一样，这类人在异常烦恼之后，最终会找到喜悦。

当产生人际关系问题时，请哭泣吧！

如果未能从周围人那里获得好评的话，就请回顾一下自己的人际关系吧，请严明中正地评价自己的性格和类型。是否喜欢发无名火，是否对闲言碎语漠不关心，是否有很多不满，是否不断地与周围的同事有矛盾？如果有这些现象的话，那么自己的性格就存在着问题，无论是谁都不喜欢这样的人，也绝对没有人会去关爱这样的人。

大概如果有人因这类人持续感受到压力的话，他会非常急于希望改变这类人的性格，他会想要希望一点点把好的性格教给这类人，甚至如果有人有售卖关爱他人的药的话，说不定还会想买这种药给这类人哦！

假如从谁那里也得不到真正的爱，说笑转身后像是旁若无人却备受空虚煎熬的话，就请放下自身的人际关系，放声大哭一场吧。

请回顾一下看看自身过去的生活方式是否过于自私？如果决定在今后继续与人们不断纠缠于矛盾中、过着枯燥生活的话，就有必要为这些关系集中地烦恼哭泣一次，贫瘠而自私的灵魂也需要流泪的机会，这是为了自身而流的泪，也是为了他人而流的泪。如果与他人的关系非常不好的话，那么这类人的灵魂缺乏爱，这是因为他们既不爱他人、也不接受爱。

旧金山大学的精神医学学者路易斯、阿米尼和莱伦教授在他们的共同著作《爱的通论》之中提出："爱情像某些药物或外科手术一样具有实质性的决定效果。"那些爱对我们的身体具有决定性作用，如果不能具备良好的性格，就请试着一边冥想自己的灵魂一边哭泣吧，通过眼泪可以回顾自身，明白自己有哪些不足之处。对于应该先考虑他人这点，也能够想明白自己以前是如何想当然地总是认为应该以自己为先的。

以谦逊的态度放低心态来回顾和细心察看的话，就会因后悔自己以前自私自利而流泪，并发现自己因不先去爱他人而导致自己也无法被爱的事实。没有眼泪，就不会真心去回顾。

荷兰健康的牧会者约翰内斯·赫伦贝克这样告诫自私的人们："你们属于上帝，接受上帝的恩惠，是上帝的子民，应留心关注上帝的灵魂在你们体内的一切迹象。"

如果需要爱，就请首先悔过自己不先去爱他人的态度吧，在悔过中流下泪水，经后悔和反省的泪水洗礼后，就会感受到自己心中奔涌着对他人的爱。为了爱、为了得到爱和去爱他人，我们应该哭泣。

第二十一章　孤独的人了解眼泪的意义

幸福的人不认为他人很幸福，
而是相信自己很幸福。

——［法］蒙田

可增加免疫力的触摸

您听说过“鸡尾酒现象”吗？请想象这样一个场景：现在正在开一个鸡尾酒会，参加宴会的人们三三两两地聚在一起，交谈着各类话题，听不到任何喃喃细语，在音乐背景下根本不知道谁在说什么。您好不容易和正在右侧的某个人在聊天，您旁边坐着的某位也在和他旁边的人说着什么，但他们的对话内容您并不关注，完全无法得知他们在说什么，突然，那边有人叫您的名字，您马上向声音传来的一方转过头。名字！这是一个在任何时候比任何语言都能吸引我们注意的强烈字眼。在喧闹的鸡尾酒会上听到叫自己名字的那一瞬间，那个名字马上会成为关注对象，这种现象被心理学家们称为“鸡尾酒现象”。

名字对我们自身最为重要，心理学家们认为，当有话要对对方说时，最重要的是先要从叫他的名字开始，叫完名字后，再轻声细语地表达出自己想说的内容，会使得对话很容易进行下去，因为称呼名字包含了带有亲密和关心的含义。

在世上仿佛只剩自己孤单一人时，忽然有人叫了自己的名字，仅这一句话就会让心中的热情激荡不已。孤独的人们就连只被称呼名字时，都会很容易流下泪。称呼名字是沟通、是欢迎、也是彼此关系的开始，名字和我们的感情有着紧密联系。

称呼名字与触摸心灵相似，触摸他人的心灵会陷入仅属于那个人的孤独之中，这时，就一定需要一滴眼泪的力量，将其拥抱在怀中一起哭泣，这也是一种心灵的触摸。

很多实验证明了，触摸可以提高免疫力。有人为了研究触摸和免疫力的关系，用幼鼠进行了实验。将刚出生的幼鼠分成两组，一组集中进行触摸，而另一组根本不去触摸，结果，接受触摸的一组幼鼠茁壮地成长起来，而未接受触摸的一组幼鼠的皮肤直接裸露在外，细胞毛孔被阻塞，因此完全不能适应外部的气温。

之后，他又比对了两组老鼠的抗体，集中触摸的一组抗体较多，而未进行触摸的一组抗体有所下降，不久后就都死亡了，得到充分触摸的一组老鼠成长速度较快，身体机能好，而且活得时间非常长。通过这个实验证明了，根据接受触摸的多少，免疫机能有着显著的不同。

生存的条件——触摸

饱含深情的爱抚，对于人类也有着相同的效果。在妈妈与孩子按摩的实验中，为出生后十周的孩子进行集中按摩，那么这孩子就会变得十分健康，他们比未接受按摩的孩子更不容易患感冒或拉肚子，免疫力也相对较强。触摸就是爱，就是关心，爱和关心是生存的重要条件，当这个条件不够充分时，健康状况就会变得糟糕，心灵就会生病。

触摸能提高免疫力的理由是，它可以缓解身体的紧张，让心灵获得平静，在触摸的同时，心脏脉动速度会减慢，压力激素会相应减少。它还与皮肤机能直接相关，分泌免疫激素的皮肤可以破坏病源菌、提高免疫力。拥抱、牵手、抚摸背部，也许并不算什么，却对恢复免疫机能起到非常重要的作用。

触摸与睡眠也有十分密切的关系，如果不能得到充分抚摸的话，可能会导致睡眠障碍和免疫系统紊乱，美国科罗拉多医科大学马丁·李特博士以猕猴的幼崽为对象进行了母子分离实验。幼崽在离开妈妈两周后，出现了严重的睡眠障碍，免疫机能下降，蜷缩在一角忧郁地坐着，不仅体温、脑电波和睡眠模式有所变化，心脏脉动也发生了不良变化，但是，当把幼崽与母猴再放置在一起时，所有以上症状都消失不见了，幼崽的身体状态也恢复了正常。

这就是所谓抚慰心灵孤寂之人的心和灵更加非比寻常的理由，因此，无论对孩子还是大人，爱抚都十分重要，尤其是对患有大病、心灵变得十分脆弱的人来说，触摸就更必不可少了。

让患者恢复健康的眼泪

患者们不仅身体上生病，心灵上也十分孤独，他们最希望的就是一起分享心情。我们应该平静地面对患者，并不断安抚他们的心灵，尤其是对时刻都可能面临死亡的患者来说，他们正与极度孤独作战，应该像未被他们的不幸或死亡的恐怖所压迫一样，一如既往地支持他们，并牵着手安抚他们。

患者们需要具体、细腻的爱，需要一位在清醒时可一起分享一切的同伴，需要在睡醒时有他人在一旁呵护的感觉，他们会因这样微小的关心与爱而感动流泪。请随时与他们牵手、拥抱和祈祷吧，然后，流着泪一起哭泣吧，分享眼泪比分享其他任何感情都真实。

与心灵无限孤独的患者一起哭泣，就相当于牵手和拥抱，一同流下的泪是触摸灵魂的行为。怀着安抚孤独的心灵的心情，通过心与心的交流而流下的泪，是能使患者恢复健康的眼泪，它不是悲伤的泪水，它是相互祝福的泪！

第二十二章　带有消极想法的人应该学会流泪

如果自己身边发生了什么不幸之事，那么我们应该知道，这并不是自己的错，而是自己的想法错误的结果。

——［俄］列夫·托尔斯泰

一滴眼泪的威力

收集眼泪和称重都很难，看似十分脆弱的这样一滴泪的存在，其威力却不仅仅局限在人体内，它甚至可以延伸到精神领域，眼泪能呼唤正能量。心态越积极，心灵就越平静，越能够恢复曾失去的热情。痛快大哭一场后，从内心向外变得轻松起来，所有一切都变得明朗起来，在自己不知不觉间身心都发生了巨大的变化。

对一切都抱有宽容的态度，让心情变得自由起来，遇到心情不好、让人发火的事时，也退后一步去斟酌。走在路上被某个人踩了脚却没得到一句道歉的话时，生气之前先后退一步，试着说：“的确是会发生这种事的。”未能如愿升职时，虽然会很失望，但也可以这样说：“的确是会发生这种事的。”自己开车开得很好，但后面的车莫名其妙地乱撞上自己的车时，也只能无可奈何地去接受这个事实。“的确是会发生这种事的”，这样不断宽慰自己的心灵，我们会成为在人生中笑到最后的优胜者。

也有的人总是觉得自己运气不好，对一切都持消极态度，这类人一生都被这种消极思想所左右，消极之后会更消极，那么人生最终就会变成消极的人生。这样的人应该学习从琐事开始说“的确是会发生这种事的”这种有余地的对应方法。

常说“的确是会发生这种事的”，愤怒和挫折这类消极感情就会慢慢地转为积极方面，心中被爱、渴望和希冀满满地填充，情绪高涨起来，这就能让人恢复健康，自尊心也变得健康成熟。流泪的瞬间大部分自尊会掉至谷底，然而，流出真正的眼泪后，就会体会出自己的自尊正在慢慢恢复，它会使得积极人生所需的爱和勇气迅速萌生。

当我们拥抱幸福时，我们的身体会发生怎样的变化呢？举个例子，当我们有着以下想法：爱和关怀、渴望平静的心灵、慈悲和恩惠、友情和亲密感、宽容和温暖，我们的身体会通过各个中枢神经系统的神经传递物质和激素实现相应的生理状态。出现幸福感觉时的深奥的生理变化会让身体马上变得健康，这是因为能传递幸福信息的神经传递物质做到了这一点，与幸福感正相反的那些想法，比如愤怒和憎恶、冷漠和矛盾、忧郁等会使得我们的身体免疫系统变弱。

2007 年出版的创最佳销量的《给山姆的信》告诉我们：审视寄望人生的角度，对我们来说是多么重要。作者丹尼尔·戈特里布作为精神医学专家在青春正茂的 33 岁时惨遭脊椎损伤，成为了一个全身麻痹的残疾人，之后他又接二连三地遭受灰心和绝望的打击，与妻子离婚、与所爱的人死别。后来，他的孙子山姆又被诊断为患有自闭症，作为爷爷的丹尼尔·戈特里布为山姆写下了 32 封信函，他通过信告诉山姆今后人生将遭遇怎样的痛苦和逆境，以及如何慢慢地找到最后的宁静，《给山姆的信》正是这些信函的合集。

“三零一床瘫痪的那个，他吃药了吗?”

几个星期以前，有些人叫我“戈特里布医生”，有些人叫我“丹”，还有些人叫我“老爹”，而现在，我却成了“三零一床瘫痪的那个”！

山姆，多年以来，我已经知道我不是四肢瘫痪，我只是有四肢麻痹的问题，你也不是自闭儿，你只是有自闭症而已。有些人会因为我们的标志不敢接近我们，也有些人在与我们说话和互动时总是小心翼翼，的确，我的脊椎伤害和你的自闭症，让我们的模样和行动异于常人，然而，我们也可以告诉别人，就像诺玛告诉我的，不管我们的身体或心智遭遇什么变故，我们的灵魂依旧完整无缺。

——节选自《给山姆的信》，作者丹尼尔·戈特里布

丹尼尔·戈特里布与他孙子山姆面前的人生之路，显然是不平坦的，虽然两人身心受到了巨大伤害，但他们灵魂却是健全的，他们坚定地热爱生活、用健康积极的观点

去看待事物，他们的人生终不属于黑暗，以同情的眼光看待他们的心却只能说是灰暗的。

消极地看待人生的人，他们所流的泪充满了悔恨和愤怒、满含抛弃与挫折，但积极看待人生的话，所流的泪就是喜悦和感恩的泪、是希望与生命之泪。请流下让身心健康的积极泪水吧，这眼泪会让我们的灵魂成熟起来。

恐惧无法拯救我们

第二次世界大战如火如荼之时，阿瑟·海斯·索尔兹伯格已接管了《纽约时报》出版人的工作。他没有一天不对战争充满了担忧，无法平静，他经常战战兢兢、焦虑失眠。某天，他以“一步一个脚印”为生命的座右铭，下定决心今后绝不再生活在担忧之中，索尔兹伯格的座右铭出自于《圣歌》第429节《行路的人》。以下是译文大意：

“无法看清我的行路，

请时常指引我每一步。”

无论花多少时间去大量思考和担忧，都不会对我们有任何帮助，公平、正确地对待上帝与我们约定的时间，是今天而非明天，就将明天之事交予明天吧，我们要做的，是祈求并期望“适时”出现上帝的恩惠。

消极想法根源于担忧，如果被烦恼和忧虑所包围，那么就会用消极态度看待一切事物。如果一个人带有消极想法的话，那么就只能感受到这个人的不安，如果还有时间和精力去烦恼和忧虑的话，那还不如将它们用于祈祷。请毫无保留地将自己的担忧倾诉给上帝，向他祈求，并用眼泪去哭诉吧，眼泪会将积压在心里的所有消极思想冲洗干净，用祈求和祈祷来填满这些时间和精力吧。

不要学会担心和不安，应学会希望和喜悦。请将特蕾莎修女关于学会喜悦的良言记在心中吧——“请怀有亲切的、深深的慈爱吧。那么，无论是谁，只要是与您相遇的人都会比以前更快乐。”

死亡与爱的触摸

所有人在死亡之前都会恐惧。带有消极思想的人一生都战战兢兢，他们从根本上恐惧的是死亡，然而，坦然接受了死亡之时，我们的生活却变得有生气起来。

死亡对人类来说并非悲剧，被告知将死去的人们的失魂落魄才是我们的悲剧。比起躺在医院重症室的心脏病患者，在自己家里接受治疗的患者生存几率会更大，这类治疗并不倚重尖端科技或医学治疗，而更需要包容了关爱和情感的触摸与鼓励。

“如果连人类的精神都无法得到安抚，那么所有的一切都不是完整的。”约翰·霍普金斯大学医学院的杰罗姆·弗兰克博士的这句话，是多么正确啊！只有在肉体治疗之后，施以脱离治疗肉体疾病的界限的精神治疗和不断改进的灵魂治疗，才会更完善。这里的完善，指的是人体健康的恢复。

用现代尖端科技进行武装的医学，使得治疗本身带有一种让患者走向死亡的可能性，但能救活患者的并不是尖端医学技术，如果没有爱抚，患者无异于死亡。是依靠机器而活命，还是要恢复人类的本质？我们应对此心中有数。患者和医生之间如果隔着机器的话，那么患者与医生之间就会被阻断，如果在彼此间共享爱的触摸的话，就会恢复彼此的信任，为了恢复最初的模样而最需要的，不是医学技术，而是爱的触摸。

第六部

应在什么地方哭泣

第二十三章 应在心灵暗室中独自哭泣

“独自一人”的意思在德语里称为“allein”，

它是意为“全体”的“all”和意为“一个”的“eins”合起来组成的。

即它可以意为“与整体融为一体”。

——［俄］彼得·谢伦伯格

声音、噪音和忙碌

在韩国江原道的太白市有一座修道院，它是以大家自愿前去祈祷和劳动为生的社区，只要提出申请，无论是谁都可以在那里待上三天两宿，在祈祷和劳动中发现和寻找上帝存在的痕迹。在修道院度过的一天很简单，大家都安静地做礼拜、祈祷和劳动，其中最特别的体验经历是“静默”。

在修道院生活时，每天应有两次保持静默的时间：短期静默时间是晚九点到十点之间，此时只能小声地说一些必须得说的话；长期静默时间是晚十点至第二天的早六点，此时应完全保持安静。在完全的静默中享受真正的安宁，或也可以仅仅与上帝对话，短期静默是与长期静默相连接的。在白天也会有一次静默的时间，吃过午饭后，每天下午一点至两点之间是为个人准备的祈祷静默时间。

每到静默时间，修道院就会陷入一片寂静之中，可发出响声的一切都暂时沉默了，投入静默时，忽然会觉得时间变得无限长。午饭后一小时的静默变得十分绵长，在声音消失的世界上，寂静仿佛成为了主宰，我们这时才重新发现世上还存在着静默，似乎我们是第一次与寂静相融。

一旦开启看不到的静默之门，就会完全开启另一个世界。这是一个没有手机、网络、信用卡、文字信息、MP3、游戏机、电话、电脑的世界，没有声音没有噪音，只有寂静和静默的世界。让我们与一直伴随着我们的苦难的实体相遇，声音和噪音会让我们无比繁忙，我们在只有声音和噪音的世界，是无法审阅自身的。我们只会叠加声音，忙碌地东奔西走。

在静默和寂静的时间内，我们可以重新审视自己，从不忙碌的自己身上发现深藏于心中的自己，找到自己的伤痛和孤寂、矛盾与困苦、愤怒和憎恨等。通过静默，我们可以像照镜子一样得到宝贵的、可以审视自己内心的机会，发现一个与在有声世界一点都不突出的自我、完全不同的、全新的自我。

在平时完全不可能获得静默和寂静，无论走到哪里都会有接二连三的声音和噪音。最近，完全夺走我们对自己的关心的，是周围的手机和电脑，这两样物品使得我们所有的天线都只向着外部，大家手上如果没有手机，或是上不了网时，就会感觉无所事事、坐立不安。今天我们所生活的世界，根本没有留给我们能正视自己的机会，周围的环境也十分不协调。

在心灵暗室中遇见新的自己

为了找到真正的自己，为了在日常生活中找到可以静默和寂静的场所，我们应该布置出一个心灵暗室，心灵暗室是能够完全审阅自己的、只属于自己的空间。从最近的公寓或居民楼结构来看，我们很难找出一个专属自己的空间，但仔细观察后，也可能会很容易地找到这样可以静默和寂静的某一处地点。通过建筑最顶层的紧急通道，可以看到天空的顶层角落、公园中最人迹罕至的地方的长椅、卫生间、公共图书馆的书柜、非常小的教会、人较少的山路等地，都可以成为自己专属的心灵暗室。

选定时间，有规律地前往这些心灵暗室，拥有审阅自身的时间的人们和只看着前方飞奔的人们的人生迥然不同，规律地在一定时间内更换心情、审视自身的人，不会轻易被世俗所动摇。

经常有规律地去这些心灵暗室，审视自我，在审视的同时安慰和激励自己。请仔细察看自己被世俗压迫而备受苦痛的灵魂，并探寻生活的意义和目的吧，因为过于忙碌、只奔向成功、追求升职和销售额、挣扎着不想在竞争中落后，一再感受到的只是心慌失措地生活的自己，此时，没有必要一定非把自己关进心灵暗室，只要有一个任何人都不会打扰的、可以找寻自己的空间就可以了。

请绝对不要带着手机去心灵暗室，手机并不只是单纯的电话，它装载了日常所有日程的事由，如果带着手机，就不可能在静默和寂静中审视自己。

在静默和寂静中，时间过得非常缓慢。闭上眼睛一边将精力充分集中在自己身上，一边问自己：我究竟能坚持多久呢？虽然有个体差异，但大概十分钟会感觉像一小时那么长，这时的我们并不习惯。祈祷对于在心灵暗室审视自己有着莫大的帮助，正确地审阅自身，您会发现自己的伤痛，了解需要治疗的自己。在了解完自己后再祈祷，就会流出泪水，心灵因自己的真现状而感到伤痛流泪。英国作家 C. S. 路易斯曾执教于牛津大学（1925 ~ 1954）。并于 1954 ~ 1963 年任剑桥大学中世纪和文艺复兴英国文学教授。他说：“‘以真我向主宣告，万能的真主啊，请聆听我的祈祷’这句话应附在所有祈祷之前。”他在祈祷前发现并强调真正的自我，他非常清楚，应带着怎样的自我面貌来祈祷。

《圣经》劝诫人们应在心灵暗室中祈祷——“你祷告

的时候，要进你的内室，关上门，祷告你在暗中的文。你父在暗中察看，必然报答你。”（出自《马太福音》6：6）静默和寂静的空间即心灵暗室，是进行自我审视的最佳场所，同时，它也是与上帝相遇的地方。要融化僵硬的心灵、解开郁结、抚慰心灵伤痛的话，没有比心灵暗室更适合的地方了，在那里尽情哭泣吧，在那里以最适当的自己与上帝相见吧。

独自哭泣圣人的偶得

古罗马帝国基督教思想家奥古斯丁蹲坐在无花果树下怅然地哭泣，无花果树下对于他来说就像是心灵暗室这类地方。年轻时曾放纵的他某一天在无花果树下委屈地哭了一会儿，忽然有了心得。记录这心得的正是《忏悔录》，他是这样记述那天的心得的：

“我灵魂深处，我的思想把我的全部罪状罗列于我心目之前，巨大的风暴起来了，带着倾盆的泪雨。为了使我能号啕大哭，便起身离开了阿利比乌斯——我觉得我独自一人更适宜于尽情痛哭——我走向较远的地方，避开了阿利比乌斯，不要因他在场而有所拘束。……我不知道怎样去躺在一棵无花果树下，尽让泪水夺眶而出。……我说着，我带着满腹辛酸痛哭不止。”

奥古斯丁的人生在他独自在心灵暗室中流泪、祈祷后，变得完全不同了，所有人的人生都会在心灵暗室与自身对白后闪电般或是慢慢地发生变化，这正是我们希望发生变化时去寻找心灵暗室的理由。在心灵暗室中流出的泪水只有自己与上帝才明白，通过泪水，我们可以恢复真正的自我。

这都是在只有自己的空间里独自哭泣时，关注正常情感和思想的结果。应该不用理解或分析为什么哭泣的原因，应充实自己的感情，因此，自然而然地放任自己流出更多泪水。请哭到心颤、哭到双肩耸得疼痛为止吧，这样，自己曾独自陷入深深的哭泣之中的这件事，就会一生难忘了。

曾流过让自身发生变化的眼泪的人，不会约束自己的感情，他很清楚洒泪具体有什么样的意义，这与发现另一个自我相似，这对成长和成熟中的自我来说，是最最特别的经历。

我们这段时间甚至没有时间和机会去审视自己，这样惊慌失措地生活着，假如一头扎在心灵暗室里也不能为自己而哭的话，我们也许永远都找不到真正的自己。对于要选择专属自己心灵暗室的我们来说，奥古斯丁的忠告十分意味悠长。“无论命运将你带到何处，在任何时候、任何地点，你的本质、灵魂，即生命和自由的力量重心都与你同在。这个世界让我们抹杀了自己对内部灵魂的认识，破坏灵魂和自身的关联，损害自身内不完美灵魂的完整性，不存在表面的幸福或伟大。想想吧！当付出糟蹋自己的昂贵代价时，我们究竟又能获得什么呢？”

第二十四章　为了分享心情而泣

如果说我们不为了彼此而祈祷（pray）的话，

就只能成为彼此的猎物（prey）。

——杰夫·卢卡斯（国籍不详）

以相遇战胜孤独

孤独的眼泪是冰凉的，那泪水特别委屈，孤独还可以使人生大病。必须在抚养孩子的同时独自做出一切决定并承担责任的父母、与自己所爱的演员永别的人、因子女教育与家人远隔千里的父亲，如同这些人一般在平时经历过极度孤独的人们患病的可能性非常高。

科学家们最近认为，孤独会诱发如心脏病之类的严重的疾病，从精神神经免疫学来说，孤独可能会导致基因突变。一份医学报告发表了孤独本身可使基因突变的冲击性文章，他们分析了参加实验的十四名志愿者进行的白血球基因分布情况，结果表明：在与他人接触密切的八名志愿者与另外六名不接触他人的志愿者中，后者诱发感染的白血球基因过分增高，人体内可杀死入侵细菌的免疫抗体和相关基因十分不足。

感染基因如大于正常水平，就会引起身体组织损伤，免疫抗体不足也容易生病，流着孤独泪水的人算是两者都有了，因此，我们常常见到这类人在平时就患上很危险的疾病。

荷兰一个研究小组也以八千名双胞胎为对象进行了实验，得出孤独可影响基因的结论。孤单、寂寞这类感情虽然会对基因产生影响，但究竟是对哪类基因产生影响还尚未得知，因为孤独可导致基因突变，所以如果狠下心来，可让孤独感减弱的情绪治疗就可以说是十分必要和有效的。

为了变得健康，我们应该从可使人流下孤独凄凉之泪的环境中挣脱出来，应该自己努力改变这种环境，应加入到人群中更多地欢笑、表达更多情感、维系更深入的人际关系，但形式和礼仪上的关系会让人更加孤独。只有发自内心地真正去做，才会驱走孤独，如果是患者的话，就更要这样做了。

试着自己在专属的心灵暗室中哭泣过的人，会更容易、更深刻地理解他人的眼泪，但并不是哭得越多的人就越明白“眼泪”这个词的含义，可以说还需要具备能与孤独之人交流的能力。

孤独之泪是一种疏离感，这种疏离感只有在有人为了自己而泣深感于心时，方才会消除。

聆听心声，愿意一起哭泣的人

分享在灵魂深处的艰难、愤怒、恐惧和绝望等感情，会对彼此都有最大帮助。教育咨询专家迈拉蔡夫·琼斯是这样清晰地说出了它的含义：“处于痛苦中的人最希望的是，我们聆听他的话并陪伴在他身旁。根本没有必须非要他说出自己的错失或恐惧。只在一旁安静地陪伴就足够了。这就是与哭泣者一同哭泣。”为了能一起哭泣，应先仔细聆听有着疏离和孤独心灵的他们的诉说。什么都不说就这样陪在身旁，并聆听他们的话，仅仅这样去做，就可以带给他们莫大的安抚和慰藉。

聆听的时候无须特殊能力，仅仅带着要理解他的心情、集中去聆听的心态就足矣。无论是谁，只要有爱心就都能做到。存在主义神学家、哲学家保罗·蒂里希说：“爱的第一要务就是聆听。”爱就是要立刻倾听某个人的话语。

近来，向他人倾诉的人很多，但愿意聆听的人却很少，由赛我网（韩国最大的社区网站）或博客组成的网上世界也是如此，大家都毫无杂念地向他人展示自己，不喜欢说或倾听他人的事，而是忙于诉说自己的故事。假如看到这些，我不禁会有所有人都希望世界以自己为中心转动的想法，但爱是倾向于对方的，倾听他的想法和苦恼、伤痛和难处、希望和祈祷，并表达出要理解他的意志，是让对方感受到自己以他为最重的态度。

不断倾听、不断与他一起倾心哭泣，这也是爱的另一个表现。当患者哭泣时，请一起哭吧，真心地斟酌患者的心情，最好不要说些“真可怜啊”之类同情的话。虽然也需要怜恤可怜患者的心情，但却不必一定要表现出来，陷入惭愧而叹息的样子也对患者没有任何益处，不要为了自己而哭泣，应为了患者而泣。怀着一份真的为患者焦虑的心情，与他一起哭泣吧。

患者需要的，不是感情的泪水，而是理智的泪水，请发挥您的聪明才智，先于患者掌握情势吧。区分好这是因消除自己情感而流的泪，还是为了治疗患者而流的泪吧，这眼泪之中是否含有为了患者而存在的、真正的安慰？仔细想想就会知道答案，默默地握住他的手，通过相互传递的体温和心意，患者会从一起哭泣的朋友身上感受到真心、获得安慰的。他会热切地感受到，这泪发自热爱自己的心灵，它是因帮不到自己什么忙而流出的焦急的眼泪。

眼泪与爱的感染

如果听到自己所爱的某个人正在哭泣的话，我们会萌生两种心态，想马上跑到他身边安抚他和装作什么都不知道。我们虽然也想帮忙，但因觉得加入那眼泪之痛很不耐烦或麻烦，也会想要避开，之所以会犹豫着要不要一起陷入泪海之中，是因为害怕自己会因对方的泪而勾起自己的伤痛。

要还是不要奔向流着伤心眼泪的他？这两者之间的差异会因自己爱对方的程度而不同。是的，如果爱，我们会甘之若饴、主动加入，但是如果我们更爱自己的话，就会产生犹豫。越是深入了解并频频接触眼泪的意义，我们就越会对他人的眼泪更敏感。

人们往往忘不了在自己心情烦闷时陪在身边哭泣的人，只要是了解其中意义的人，无论是谁在哭泣都会毫不犹豫地前往陪伴，这就是眼泪的力量和感染性。奔向疲惫灵魂、倾听他的伤痛、擦拭他的眼泪，这就是爱的力量，因为爱也具有强大的感染性，所以记住这份爱的人会将爱偿还给其他人。理解某个人的生活并产生共鸣的人，非常了解爱的力量，如果热爱某个人的生活达到了为他流泪的程度，那么这就是真正的爱。

在下面的故事中，我们可以清楚地了解到这种爱的力量。让我们来看看，用心体会弟子的处境并掬以眼泪的老师，是如何改变弟子的生活的。

这是一个关于常来我们教会的汤普森老师和小学五年级学生泰尼·斯可拉德的故事。泰尼是一个备受朋友排挤的孩子，他的表情永远是那么呆板，脸上毫无笑容，每次走近他，都会闻到一种令人作呕的味道。考试时，泰尼经常交白卷儿、得零分，连卷子都用不着批阅。某天汤普森老师开始深入对泰尼的状态进行思考。“泰尼为什么会变成这样?”她为了寻找答案调查了泰尼的过去，看了泰尼到四年级为止的生活记录簿。

一年级：善良的孩子，有希望成材。家庭环境稍差。

二年级：安静的孩子，稍有自闭的性格。母亲得了不治之症。

三年级：学业成绩较差，今年母亲去逝了。父亲根本不关心孩子。

四年级：没有希望，父亲离家出走，被姨母收养，看上去备受虐待。

读完泰尼的生活记录簿，汤普森老师流下了泪水，她忽然明白，像自己一样的许多老师都不关心泰尼，这是在遗弃一个生命、破坏他的生活。她的心里非常痛苦，她开始认真考虑要为泰尼做些什么，在放学后她开始单独教授泰尼功课。

一年结束后的圣诞节，所有的孩子都向老师赠送了礼物。一个一个拆礼物的汤普森老师终于拆开了泰尼的礼物，礼物盒内放着几颗散落的假珍珠项链和一瓶随手包装的便宜的香水，香水瓶几乎已经空了，孩子们都哈哈地笑起来。

这时，汤普森老师却戴上了项链、洒上了香水。“孩子们，这项链不漂亮吗？在所有礼物中，老师觉得这条项链最称心哦！而且，这香水的味道也很棒。这是老师所收到的最好的圣诞礼物。”孩子们什么话都说不出来了。泰尼跑过来扑进老师的怀抱，抱着她大声说：“老师，真的谢谢您。这条项链是我妈妈生前戴过的，香水也是一样。感谢您能洒上这瓶香水。老师的身上有妈妈的味道，这真好！”

时光流逝，转眼六七年过去了，汤普森老师收到了一封信。这是高中毕业的泰尼写来的信。“敬爱的汤普森老师，我想第一个向老师您汇报我高中毕业的消息，我在全班以第二名的成绩毕业了。”之后四年过去了，汤普森老师又收到一封信：“老师，我以全学科第一名的成绩毕业了！”之后又四年过去了，汤普森老师又收到泰尼的一封信。“老师，我从医科大学毕业，成为了一名医生。很棒吧？我要结婚了。您应该还记得我妈妈去世得很早吧，请给我机会，可以在我结婚时由您代我妈妈参加。对我来说，老师就是妈妈。”

——《新希望社区教会》，戴尔·加洛韦著

读过这段文字后，我流了很多泪。我的家庭也很困难，因班主任的关心而获得了课外辅导，在他爱的关怀下，我成为了医生，成为了医科大学的教授，此时，我流出的泪水是感恩和喜悦、爱和恩惠的泪。读这本书的时候，我因许多事所累，身体非常劳累疲惫，想到我所蒙受的爱和恩惠而流泪时，身体也在惊人地恢复之中，因此，眼泪也可以让我们身体再次恢复健康。

在与所爱的心灵一起哭泣之时，我们被爱感染，在分享他的泪之时，我们自身的人生在不断蜕变，并获得祝福，因此，一起流出的泪水就是奇迹。

第二十五章 在日常生活中平心静气地流泪

我们若想真正感受好天气，

就必须在等到长期的恶劣天气过后。

同样，我们只有坚持度过大萧条时期，才会感恩赢来了好光景。

——［瑞士］保罗·图尼埃尔

找到被隐藏的压痛点

韩国国语字典将“压痛点”分类划为医学用语，它是这样诠释这个词语的："在按压皮肤时，感觉痛感最强的部位，它位于神经分岔处或由深到表层的地方。特定压痛点的非正常疼痛与特殊疾病有关，因此可成为一种诊断疾病的方法。"这里有一段非常引人瞩目，即"特定压痛点的非正常疼痛"。当按某个部位，自己感觉比其他人都格外疼的话，就说明这个部位与某个特殊的疾病相关，过去，如果孙子被噎到，奶奶就会为了消除积食使劲儿地挤压孩子的手掌，安抚他的背部，一边挤压压痛点，一边找到疼痛之处，刺激该处即可减少疼痛。

这种压痛点对我们的心灵也很适用，在我们的心灵和灵魂各处都有压痛点的存在，我们自身如果挤压它的话，就会感受到疼痛，因此，干脆就不想去触碰它。因心痛就干脆拒绝，大概因为它是很容易就能被他人践踏的伤痛，所以我们总是隐藏得很仔细，还有一种情况，大家都知道自己的伤在哪儿的话，那么不仅自己不会去触碰伤口，连他人也会故意装作不知道，因为弄不好就会惹得伤心流泪。

"似乎因为丈夫的缘故心里颇为难过。"

我只是对她说了这样一句话，听过之后，伍香淑（化名）忍不住一个劲儿地大声痛哭起来。她平时很腼腆文静，除了回答他人提出的问题基本不太说话，因此，我被她的刺耳的哭声吓了一跳，而且并不是只有我吃惊，她的全家人都明显露出吃惊的神色。她哭了好长时间，因丈夫的外遇，她没有一天过得安稳，虽然她讲述得并不那么具体，但我在感受到她窘迫的灵魂之时，立刻就明白了她的家庭问题。

除她之外，还有许多癌症患者在我面前放声痛哭，我会将他们仔细隐藏的或是故意不表露的故事一点点地找出来，并读懂这些伤痛。在患者们的脸庞和表情上，我真的读到了许多，特别是眼睛，通过它不但能知道这个人的伤痛，甚至可以直接看到他的灵魂，他们死抱着的故事中总是有着自己的伤痛。

在开始眼泪治疗之前，我总是先注意了解这些伤痛。最先开始的是“解开心结”，应先开启牢牢锁在他们心灵上的心锁，只有找到并抖开纠结在他们灵魂中的某件事，才能开始治疗，但在大多情况下要做到这点并不简单，我会直接正面指出郁结的重点。对流泪十分尴尬或陌生的他们，必须得从一开始就找到并刺准压痛点，这就如同中医大夫果断地在积食患者拇指指尖刺入银针，以放几滴血来治疗积食一般，我必须要找到让患者觉得委屈的某件事。

越是陈年旧伤，患者越是不想表露，但我却必须要找到这样的压痛点，认真地刺下去，为了找到正确的压痛点，应该先确定患者的个体特征，只有充分了解了患者的伤痛，方才能了解他的压痛点是什么。

主动按压压痛点

让眼泪痛快地奔流是一件不容易的事，对吧？一旦开启闸门就会四溢泛滥，被刺到压痛点的患者再也没有必要隐瞒自己的伤痛了。一旦找到压痛点后，接下来就应该采用怀柔措施了，如同触摸心灵时一样，应给予他们最温柔的关怀，如果弄不好，好不容易敞开的心门会关得更紧，要急于安抚其伤处、减少其伤痛，这是一个应怀有这类心情的时刻。

但假如在真正找到压痛点时却没有做好其他准备的话，那么医生和患者就只能感到彼此惊慌，弄不好可能事情就搞砸了。为了很好地处理他人的压痛点，我们应该首先做好自身的各项准备，应该先学会找到并处理好自己的压痛点。

最了解自己的人正是自己，自己喜欢或不喜欢什么，甚至什么样的伤痛在哪儿隐藏，自己都一清二楚，正因为清楚地了解这些伤痛带给自己多大的痛苦，所以其他人无论是谁也无法触碰他。日常生活中，这些伤痛的痕迹并不那么显眼，也几乎看不到伤痛的影子。

越是这种伤痛，其中就包含着越多的眼泪，许多泪水都藏在心中，因此心灵无法轻松、舒展起来。

即使痛苦的程度一样，比起其他人刺探自己来说，自己每天在日常生活中的刺压会更让人心痛，请每天一点点地进行练习，揭开自己伤痛的一角，随着心痛而哭泣吧，这样哭着哭着，慢慢就会陷入泪水中，伤痛也会跟着治愈，而对给自己带来伤痛的人的憎恨和愤怒也会随着眼泪逐渐消融。

我们也可以借用时间的力量来解决问题，当消极感情尚存心中之时，我们常常会说“时间就是良药”，时光荏苒、岁月流逝，我们会忘记或宽容所有的一切。

“让灵魂恢复健康的所有手段之中，时间是最有效的，但它也是最浪费的方法，这是因为，我们需要付出再也无法挽回的代价！”德国小说家卡尔·费迪南德·古茨科（Karl Gutzkow）对为了治愈灵魂之伤而愚蠢地使用时间的行为表示惋惜，这是因为，在付出时间的同时，我们自身的存在也会如同所付出的时间一样艰辛。

每天积极地去做一点点事

假如在日常生活中能心平气和地流泪，那么这会比依赖时间更迅速地治愈灵魂的伤痛，眼泪比时间更有威力。虽然我们不能随意支配时间，但却能支配眼泪，请用眼泪来打开自己亲手锁上的心门吧，要治愈灵魂和心灵，所依赖的正是我们的眼泪。根据我们具备的积极肯定意志，我们的心灵就会相应地被判定是否能够治愈。

珍妮弗·迪恩（Jennifer Dean）——《在祈祷中生活，——开启你的生命，感受上帝的力量与恩典》一书的作者劝导人们，当生活艰辛孤独之时，应当作是“被钉在十字架上之时”。她认为，“每到被钉在十字架上之时，就放弃放纵自我的生活吧，抛弃傲慢、期待、权利和需求，选择十字架的命运之路！只有找回自己才能正视他人的利益。把发表决定性言论的机会让给他人，泯灭肉体的需求吧！”如果你现在的人生正处于眼泪的深谷之中的话，就请记住：这深谷也是有尽头的。无论是谁，无论哪家哪户，都要背负痛苦的十字架，只是它的形状、大小、颜色和重量有所不同而已。

谁也不能代替我们去哭泣，在生活中每次遇到困难时，最好是能从心底出发，放下一切负担，每天在上帝面前哭泣，被这眼泪所打动的上帝，会回赠给我们安慰和平安。

尾声　以泪水来体会痊愈的奇迹

如果说创造宇宙万物的上帝塑造了我们的身体，那么我相信：上帝一定从混沌之初就赐给人类享有健康、幸福之泉的权利，然而，我们却因某些理由而心灵疲惫不堪、身体经历着伤痛，这都是因我们未按照神的旨意生活的结果。由于过分贪心而将增长的生活压力和无节制当成一种习惯，致使我们的身体陷入严重的不平衡状态，打破了肉体、精神、社会、心灵的平衡。即只是相信上帝创造了完美人生却按自己的内心恣意生活的话，必然会遇到人生失衡的结果，这是因为，上帝在赐予每个人不完美人生的同时，又赐予了相关的责任。

对自己身体不负责，才会招来现在所患的疾病与痛苦，然而，依靠上帝的仁慈和恩赐，又为我们留下了能够治愈的希望，我们一边怀着恢复健康的希望，一边重新体会到上帝只允许人类欢笑和流泪的事实。当您完全依赖这种泪水的威力和惊人的治愈效果时，就会结出恢复健康的希望之果，为此，我们应该比所有人都先一步流出温暖的泪。

如果用上帝赐予的礼物——眼泪——来洗净心灵和身体的伤痛的话，我们就可以见证恢复健康和治愈的过程，就能够放下完好无缺的心灵，在上帝面前享受治愈的祝福。从人类诞生起，上帝就赐予了我们特殊的礼物——眼泪，它是天然的治疗剂，将会一生守护人类的健康。

请不要忘记这份上帝赐予的礼物，它无异于为癌症患者而备的、随时随地都能够进行免费治疗的最好的抗癌剂，流泪的瞬间，我们的身体即会走向健康，同时一并享受着恢复健康的祝福。就从现在起，请找回您的泪水吧！无论它是带有希望和恩惠的眼泪，还是祈祷或爱与感激的泪水！

读者反馈卡

尊敬的读者：

十分感谢您购买本书以及对本公司的大力支持。为能继续提供更符合您要求的优质图书，烦请您抽出点滴时间填写以下调查表并寄回，您的建议与意见将是我们不断前进的动力。我们会定期从有效回执中抽取幸运读者，寄送公司最新出版图书或其它精美礼品。

北京兴盛乐书刊发行有限责任公司

通讯地址：北京市朝阳区小营路 10 号阳明广场南楼 14A

邮政编码：100101

读者 QQ 群：292306095（兴盛乐书友会）

电子邮件：xslzbs@163.com

公司微博：@ 兴盛乐书刊发行公司

公司网址：www.xslbook.net

1. 您了解本书是通过：

☐书店　☐网络　☐报刊宣传　☐朋友推荐

2. 您购得本书的渠道是：

☐新华书店　☐网上书城　☐民营书店　☐超市　☐报刊亭

☐其他________

3. 您决定购买本书是因为：

☐书名吸引　☐内容吸引　☐喜欢作者　☐偶然购买

□朋友推荐　□其他______

4. 您觉得本书的优点有：

□文笔好　□内容好　□封面漂亮　□排版舒服　□价格合理

□手感好　□其他______

5. 您会向他人推荐或者谈论这本书吗？

□会　□不会　□偶尔会　□看看再决定　□其他______

6. 了解本书之后，您会关注或购买公司其他图书吗？

□会　□不会　□偶尔会　□看看再决定　□其他______

7. 您决定购买一本书的因素包括：

□内容　□封面　□书名　□朋友推荐　□媒体推荐　□作者

□其他______

8. 您比较喜欢的阅读类型有：

□人文历史类　□财经类　□管理类　□励志类　□小说类

□纪实文学类　□传记类　□散文、随笔类　□女性、生活类

□亲子、育儿类　□科普类　□其他______

9. 您觉得本书有何不足之处，您有何修改意见或建议？

____

____

10. 有没有您想读但市面上却没有的书？

____

____

您的姓名______**性别**______**年龄**______**职业**______

邮政地址______________________________

邮政编码______**手机**______________

E-MAIL______________________________

QQ______________**微博**______________